感性情報学
―オノマトペから人工知能まで―

博士（学術） 坂本 真樹 著

コロナ社

まえがき

　本書は，感性について興味があって学びたいという読者，顧客の感性を定量化する情報技術が求められる実務家の読者など，幅広い読者にお読みいただきたい本である。感性については，心理学，認知科学，脳科学，工学など幅広い分野で研究が行われ，さまざまな本が出版されているが，筆者は，感性を定量化する方法として，オノマトペ（「コンコンとドアをたたく」，「さらさらした手触り」，などの擬音語・擬態語の総称）を活用したユニークな研究を行っている。そこで，感性に関する従来の手法の紹介だけでなく，このような技術が生まれた背景，この技術の解説，活用方法まで，筆者ならではの切り口で紹介したいと思う。

　さらに，オノマトペだけでなく，筆者は，SNSや普通の会話，文章から，感性を抽出する研究も行っていることから，そのような技術についての解説もする。特にTwitterなどのSNSで発信される情報は，近年マーケティングなどの分野でも注目され，企業でも盛んに分析が行われており，顧客の関心，世の中の動向を把握する上で重要な情報源として注目されている。Twitterなどの情報を解析する際には，自然言語処理技術が用いられるが，本書では，自然言語処理の技術についての解説のみならず，自然言語から感性を抽出する筆者ならではの技術についても紹介したい。

　さらに，近年成長が目覚しい人工知能においても，感性は次世代人工知能開発のキーワードであることから，近年の人工知能技術と絡めた解説も行う。

　感性は，文系分野でも理工系分野でも扱われる対象であるが，まさに文理融合研究を実践している筆者だからこそ幅広く解説できるトピックであるといえる。文系だが感性を定量化するための情報技術にも関心のある読者，理系だが感性も扱いたい読者まで，幅広く，学部学生のための教科書としても，一般の

方の読み物としてもお読みいただけるのではないかと思う。また，筆者は，感性に関連して開発した技術を活用し，長年にわたり数々の産学連携共同研究を行ってきた経験があることから，産業界の実務家の実践にも役立てていただけるのではないかと思う。感性について，新たな可能性を感じていただき，本書が，感性と情報技術の融合研究の未来に光をさすことのできる一冊となれば幸いである。

2018年5月

坂本　真樹

4.2.2　オノマトペの音に手触りの印象が結び付く ………………………… *69*
4.3　オノマトペによる感性の定量化 ……………………………………… *73*
　4.3.1　オノマトペ感性評価システム ………………………………………… *73*
　4.3.2　オノマトペ感性評価システムの構築手順 …………………………… *74*
　4.3.3　オノマトペ感性評価システムの精度評価 …………………………… *83*
4.4　数量化理論Ⅰ類 ………………………………………………………… *86*
　4.4.1　数量化理論とは ………………………………………………………… *86*
　4.4.2　数量化理論Ⅰ類 ………………………………………………………… *87*
4.5　感性の個人差を把握する方法 ………………………………………… *88*
　4.5.1　モノから感じる感性の個人差を把握する方法 ……………………… *88*
　4.5.2　システム実装例 ………………………………………………………… *89*
　4.5.3　システムの評価実験 …………………………………………………… *94*
4.6　遺伝的アルゴリズムのオノマトペへの適用 ………………………… *96*
　4.6.1　遺伝的アルゴリズム …………………………………………………… *96*
　4.6.2　オノマトペ生成システム構築手順 …………………………………… *98*
　4.6.3　オノマトペ生成システムの実装 ……………………………………… *103*
　4.6.4　オノマトペ生成システムの有効性 …………………………………… *104*

5.　自然言語の感性情報処理

5.1　自然言語処理 …………………………………………………………… *111*
　5.1.1　自然言語処理とは ……………………………………………………… *111*
　5.1.2　自然言語処理基礎 ……………………………………………………… *112*
5.2　自然言語の意味解析 …………………………………………………… *116*
　5.2.1　知識の集合体の記述 …………………………………………………… *116*
　5.2.2　コ ー パ ス ……………………………………………………………… *117*
　5.2.3　潜在的意味解析 ………………………………………………………… *122*
　5.2.4　潜在的意味解析の実用例 ……………………………………………… *126*

5.2.5　潜在的意味解析を用いたテキストからの感性情報抽出……………133
5.3　ネット上のビッグデータからの感性情報抽出………………………139
　　5.3.1　マイクロブログ…………………………………………………139
　　5.3.2　Twitter ……………………………………………………………142
　　5.3.3　Twitterからのパーソナリティ推定………………………………143

6. 感性への深層学習適用の可能性

6.1　ニューラルネットワークとは……………………………………………146
　　6.1.1　ニューラルネットワークの由来…………………………………146
　　6.1.2　階層型ニューラルネットワーク…………………………………149
　　6.1.3　深層学習（ディープラーニング）………………………………152
6.2　感性への深層学習適用の可能性…………………………………………154
　　6.2.1　畳み込みニューラルネットワーク………………………………154
　　6.2.2　再帰型ニューラルネットワーク…………………………………155

7. 感性計測技術の応用

7.1　製品開発現場で……………………………………………………………160
　　7.1.1　模造金属を実金属に近づけるデザイン開発支援…………………160
　　7.1.2　実　　　　験………………………………………………………162
　　7.1.3　結　　　　果………………………………………………………163
7.2　マーケティングで…………………………………………………………166
　　7.2.1　ブランド名による顧客との感性コミュニケーション……………166
　　7.2.2　ブランド名評価システム…………………………………………168
7.3　医　療　現　場　で………………………………………………………172
　　7.3.1　問診での感性コミュニケーションの重要性………………………172
　　7.3.2　問診支援システムの開発…………………………………………173

7.3.3　TF-IDF 法 ……………………………………………………… *175*
7.4　楽曲検索システム ………………………………………………… *177*
　7.4.1　楽曲からイメージされる色彩 ……………………………… *177*
　7.4.2　単語と色彩の相関に着目した楽曲検索システム …………… *178*

お　わ　り　に ……………………………………………………………… *181*
引用・参考文献 ……………………………………………………………… *182*
索　　　引 …………………………………………………………………… *184*

1 感性情報技術の重要性

本章では，感性とはなにか，感性について理解することがなぜ重要なのか，感性にアプローチする上で情報技術がなぜ重要なのかについて解説したい。

1.1 日常生活での「感性」とは

われわれは日常，何気なく，「感性が豊かな人」，「感性が鋭い人」ということがあるが，一体それはどのような人だろうか。そもそも，「感性」とはなんなのだろうか[4),28)]†。

『広辞苑』（第二版）を引いてみると，以下のように書かれている：
① 外界の刺激に応じて感覚・知覚を生じる感覚器官の感受性（sensibility）。
② 感覚によって呼び起こされ，それによって支配される体験。したがって，感覚に伴う感情や情動・欲望も含む。
③ 理性・意思によって制御されるべき感覚的欲望。
④ 思惟の素材となる感覚的認識。

『大辞林』（第三版）には以下のように書かれている：
① 〔哲〕〔英 sensibility；ドイツ Sinnlichkeit〕
㋐ 認識の上では，外界の刺激に応じて，知覚・感覚を生ずる感覚器官の感受能力をいう。ここで得られたものが，悟性の素材となり認識が成立する。
㋑ 実践的には，人間の身体的感覚に基づく自然な欲求をいう。理性より下位のものとされ，意志の力によって克服されるべきものとされることが多

---

† 肩付き番号は，巻末の引用・参考文献の番号を示す。

1. 感性情報技術の重要性

い。→ 理性・悟性

② 物事に感じる能力。感受性。感覚。「豊かな―を育てる」〔「心に深く感じること」の意で江戸期の浮世草子にすでに載っている語。〕

どうやら,「感性」の第一の意味は,外界の刺激を,感覚受容器を通じて知覚することで生じるものであり,生物的な反応といえる。第二の意味は,身体的感覚によって呼び起こされる自然な欲求であり,感覚に伴う感情や情動・欲望であり,「理性」よりも下位のものとされていることがわかる。

この第二の意味の中には,「感情」,「情動」,「欲望」という言葉が使われており,ややこしい。では「感情」の意味はなにかというと,「ヒトなどの動物がものごとやヒトなどに対して抱く気持ちのこと。喜び,悲しみ,怒り,諦め,驚き,嫌悪,恐怖」とされる。では「情動」はなにかというと,「怒り,恐れ,喜び,悲しみなど,比較的急速に引き起こされた一時的で急激な感情の動きのこと」とされ,感情の動きの中の一部分を指している。「欲望」は,「不足を感じてこれを満たそうと強く望むこと」ということで,かなり限定的な感情の一種であるといえる。

第二の意味での「感性」は,「理性」よりも下位のものとされ,理性で抑えるべき感情,情動,欲望という意味合いが強いが,現代では,われわれは,「感性が豊かな人」,「感性が鋭い人」という冒頭の例のように,「感性」という言葉をポジティブな意味で使うことが多いように思われる。

『広辞苑』の第一の意味の中に,「感受性」という言葉があるが,『大辞林』での「感受性」の定義は,「外界からの刺激を深く感じ取り,心に受け止める能力」とあり,「感受性が鋭い」,「感受性が豊かだ」というように使うとされている。まさに,われわれが「感性が鋭い」,「感性が豊かだ」と使う場合の意味と同様である。つまり,「感性」とは,「能力」であり,豊かであること,研ぎ澄まされていることがよいことであるものである。本書では,このような第一の意味での「感性」を中心に,さまざまな角度から解説をしたい。

ところで,「感性」の英訳として,sensibility が記載されているが,sensible は「感じられる,知覚できる」という意味で,知覚寄りの意味が強い。類語と

して，sensuous という感覚的な印象に訴える意味合いが強い言葉もあり，また別に sensual という肉体的な感覚を表す言葉もあるが，いずれも日本語の「感性」とぴったり当てはまらない．

1.2 製品開発で

「感性」の英語訳の難しさの話をしたが，日本には「感性工学会」という学会がある．この学会の英語名は，"Japan Society of Kansei Engineering"である．感性工学会とはどのような学会なのか，感性工学会の学会案内のホームページから一部抜粋してみる（http://www.jske.org/abouts/　2017年11月23日アクセス）：

日本感性工学会は、1998年10月9日に設立された学会です。本学会は、従来の人文科学・社会科学・自然科学と言った枠にとらわれることなく、幅広い学問領域を融合して、感性工学という新しい科学技術を立ち上げ、展開しています。[中略] 産業革命以来の近代科学技術は、モノを大量に作り出し、人々に物質的な豊かさを提供してまいりました。しかしその結果として、画一的な工業製品を生み出し、個々人の生活を没個性化させ、地域の文化を崩壊させ、人々の創造性をも喪失させかねない状況をもたらしています。こうした混沌から脱出し、平和で豊かな社会に資するために、人間の根源的な能力としての感性を中心にした科学技術としての「感性工学」の創成に挑戦しています。当面の課題としては、感性を活用した哲学の実践、感性豊かな人々を育む教育、美しい風土の実現などをはじめとして、感性の計測と定量化に関する手法の開発、揺らぎ・ファジィ・フラクタル・複雑系というような新しい解析方法の導入、情報工学・人間工学・認知科学・心理学・デザイン学などの諸領域にわたる学際的研究、さらにはこれら成果の事業化や産業化への検討など、既存の工学や境界領域で取り上げにくいテーマに積極的に対応しています。

1. 感性情報技術の重要性

また，感性工学会からは，"Kansei"という日本語をそのままアルファベットにした名称を掲げた"Kansei Engineering International Journal"という英文論文誌も出版されていた。しかし，2013年3月1日に，"International Journal of Affective Engineering"という名称に変更することが発表された。その理由として学会のホームページには以下のように書かれている（http://www.jske.org/mutvd1rkc87/?block_id=87&active_action=multidatabase_view_main_detail&multidatabase_id=3&content_id=515　2017年11月23日アクセス）：

> 感性工学の研究とその裾野は確実に広がってきており，それは，日本感性工学会論文誌への論文投稿数や採録される論文のレベルにも表れています。しかしながら，国際的には，日本語由来のKansei Engineeringという言葉では世界の多様な研究者・開発者・産業界の人々が説明なしで理解できる技術用語とはなっていません。近年，国際的に，学術雑誌のインパクトファクターや参照回数などが，学会，雑誌，論文，筆者の評価・業績審査の上で重要視されるようになってきました。このような背景のもとでは，日本語由来のKansei Engineering International Journalから英語で類似の概念を表すInternational Journal of Affective Engineeringに変更した方が，感性工学の研究の国際的な広がりの促進と，論文筆者の皆さんへの支援になると判断しました。なお，変更の対象としているのは英文雑誌名称です。本会の英語名称であるJapan Society of Kansei Engineeringは，変更しません。

国際感性工学会の名称は，"International Society of Affective Science and Engineering"であり，国際的には"Affective Engineering"が，「感性工学」の意味として通用するということであろう。

広島大学の長町三生 名誉教授の一連の書籍[29]によれば，感性工学は日本発の技術である。日本からアジアや欧米へと広がり，発展していった学問分野とされるが，その理由として，感性工学が顧客の感性を製品設計に盛り込む技術

であること,感性を重視した製品が市場でヒットしていること,世界的に使い勝手のよさだけでなく,魅力ある製品づくりが求められていることが挙げられている。長町の定義によれば,感性工学とは,「生活者の感性やイメージを数値化し,それを設計に写像することで,新製品を開発する技術」である。つまり,生活者の感性の調査→数値化→製品開発に生かす手法の開発→製品開発,というステップで行われる[24]。

本書では,ほぼ全章にわたって,これらのステップに関連する,感性を重視した製品開発に役立つ技術について解説を行う。感性と製品開発は密接な関係にあり,感性が重要な製品開発は,建築業界,自動車業界,香粧品業界,飲料・食料品業界,芳香品業界など多岐にわたる業界の関心事である。感性は個人的価値判断に影響を及ぼす重要なものだからである。

特に,本書では,生活者は,音,見た目,手触り,味,香りといった五感を通して製品の価値を把握する,というプロセスを重視する。製品のモノとしての物理的な性質,材質だけでなく,いわゆる「質感」が製品開発では重要である。特に五感を通して人が取得する質感情報がもたらす快・不快や美醜などの感性・情動反応とされる「感性的質感認知」に着目して,解説していきたい。

製品開発では,生活者はなにを求めているのかを知ることが必要であるが,どうしたらそれを知ることができるかは非常に難しい。生活者本人も意識してなにかを求めているわけではなく,「どのようなモノが欲しいのか?」と直接聞いてみても明確に説明できる人はいないであろう。しかし,商品を購入する際に,なにに対してお金を支払うか,実際には選択している。ところが,「なぜそれを買ったのか?」と直接聞いてみても,「ほしいと思ったから」といった程度の答えしか得られない。これらを上手く引き出すための調査方法は重要であり,本書ではこれらについて詳細に解説する。

生活者の感性を把握するためには傾向を把握する必要があるが,感性は曖昧でそれ自体があらかじめ数値化されているものではないため,調査の仕方次第では統計的な解析が難しい。言葉で直接回答を求めると「定性的」な情報しか得られない。そこで,生活者に,あらかじめ定量化しやすい形での回答を求め

るという調査方法が，国内外で広く用いられてきた。本書ではこれについても解説するが，生活者には負担をかけず，定性的な回答を機械的に定量化するという，筆者ならではの技術も解説する。

生活者の感性の調査そのものは，いわゆる調査会社が行うような仕事であるが，それに基づき製品開発を行うのはいわゆるメーカーなどの企業である。そこで，調査結果を製品開発にいかに生かすかが重要になる。本書では，そのような技術についても解説を行う。特に，6 章で紹介する人工知能技術は，モノづくりの支援も行える可能性を感じていただきたい。本書の読者には，感性を調査し，効果的にモノづくりが行える能力を身に付け，将来，一人一人の感性を満足させてくれる製品をつぎつぎと生み出す現場の最前線で活躍していただければと思う。

1.3 マーケティングで

1950 年代に経営学者のドラッカー（P.F. Drucker）が，「事業の目的は顧客創造である」と主張して以来，顧客の欲求（ニーズ）を満足させる努力をすれば，利益は結果としてついてくる，企業はモノをつくって売るのではなく，生活者のニーズを発見し，満足させる方法を考えることが重要とする顧客志向の考え方が世界的に広まった。つまり，顧客創造と維持の仕組みをつくることがマーケティングとされるようになった。1.2 節でも述べた，市場調査→製品開発に加え，広告や販売促進もマーケティングになる。つまり，マーケティングでは，顧客の欲求としての感性を把握し，それを満足する製品開発を行うことに加え，顧客の感性に訴求する広告や販売促進を行うことが重要である。

商品の価値を決めるのは生活者であるとすると，どんなに立派な製品をつくっても，生活者に受け入れてもらえなければ商品として価値はないということになる。そのため，1.2 節で紹介した感性を重視した製品開発の課題の前には，生活者の感性を理解するという課題が立ちはだかる。マーケティングの世界では，顧客理解の重要性は昔から叫ばれてきたようである。しかし，そのた

めの方法は，消費行動パターンや属性，興味を調査・分析する程度のものであった。近年，インターネット上の購買履歴や検索履歴などを利用して，個々の顧客の興味を把握し，関心をもちそうな商品を推薦する「レコメンデーション」や，興味をもちそうな商品の広告を提示する「ターゲティング広告」といった手法が主流になってきた。しかし，そういった手法も，顧客の表面的な情報しか把握できておらず，顧客の内面，すなわち個々の顧客のモノの知覚傾向や心理や思考パターンまで把握するところまでは至っていない。筆者は，個々の人の知覚傾向やそこから感じることまで把握することを可能にする技術開発を行っており，本書でも解説したいと思う。この技術を活用すれば，マーケティングは革新的に変わる可能性があると考えている。

　生活者がある商品を購入することを決定する過程では，そのモノの見た目をどう思うか，触ってみたくなるか，触ってみたらどうか，といった知覚レベルだけでなく，過去の購買経験，広告との接触履歴，友人とのコミュニケーション，一見その商品とは関係がなさそうなさまざまな経験や知識など，個々の人の脳の中にある膨大な知識が影響を与える。本書の執筆現在，膨大な情報を処理して，人では見つけられないようなことを発見することができる技術として，「機械学習型の人工知能」の進化が目覚しい。そこで，本書の6章で，機械学習型人工知能の解説と，感性に人工知能技術を適用する可能性について述べる。

1.4　芸　　術　　で

　芸術は感性が重要な領域とされる。

　『大辞林』によれば，芸術とは，「特殊な素材・手段・形式により，技巧を駆使して美を創造・表現しようとする人間活動，およびその作品。建築・彫刻などの空間芸術，音楽・文学などの時間芸術，演劇・舞踊・映画などの総合芸術に分けられる」とある。

　1.1節の感性の定義で，「外界の刺激に応じて感覚・知覚を生じる感覚器官

の感受性」,「感覚に伴う感情や情動・欲望」といった説明があったが,美を創造・表現しようとする芸術活動では,まさにこれらが重要とされる。例えば,音楽は,音の物理的な振動（外界の刺激）が聴覚器官で受容され,その結果,なんらかの感情が生まれ,感動したり,癒されたりする。歌詞のほうは,詩などの文学作品の部類に入るが,歌詞で用いられる言葉などを通してなにかを表現したり,歌詞からなんらかの感情が生まれ,感動したり,共感したりする。絵画は,視覚を通して知覚する情報が基になるが,芸術的とされる絵画からは美を感じ,感動が生まれる。

　ただの音の羅列やでたらめな文章や絵と,芸術としての音楽や詩や絵画との違いはどこにあるのであろうか。

　2015年,GoogleのDeep Dreamという人工知能が描いた絵画が怖いと,ネット上で話題になった。人工知能が学習した絵や写真が,犬や鳥などの動物の画像が多かったために,空に羊がいたり,さまざまなところに動物の目のようなものが描かれた絵画がつくられ,「怖い」という感情を人に抱かせたようである。

　写実的ではない,現実離れしている,というだけで,「怖い」という感情を抱かせるのであろうか？しかし,一般人から見ると,やはり一見ありえないような構造の人の顔や姿が描かれているピカソの絵はどうなのだろうか。ピカソの絵は明らかに「芸術」として認識されているが,人工知能の描いた絵は「芸術」として認識されたとはいえそうにない。芸術を生み出す感性,芸術を感じる感性とはなんなのだろうか。絵画や写真は無限にありうるため,筆者は,絵画と感性,人の感性に訴える絵画や写真の解明はかなり難しいのではないかと考えているが,音楽については,音階が有限であるため,人の感性に訴える音楽の解明は比較的容易ではないかと考えている。

　人工知能で作曲をする,という試みは,人工知能で絵を描くという試みとほぼ同時期から行われている。例えば,2016年9月にYouTube上で公開されているソニーコンピュータサイエンス研究所（Sony CSL）による人工知能を使って作曲したポップソングも話題になった（http://www.flow-machines.

com/ai-makes-pop-music/）．Sony CSL が開発した「Flow Machines」というソフトウェアは，人工知能を使って膨大な楽曲データベースから音楽のスタイルを学習し，音楽のスタイルや技術などを組み合わせることで独自の作曲をしている，とのことである．国内外の複数の研究室や個人レベルでも自動作曲は行われている．ヒットしたさまざまな楽曲を組み合わせてみると，それなりに曲ができ上がる．正解不正解がない芸術にはテクノロジーが参入しやすいが，正解不正解がないだけに，テクノロジーの目標設定は曖昧で難しいともいえる．芸術と感性の関係の定量化も難しく，製品開発以上に，人の感性に響く芸術を生み出す方法の解明，そのような芸術を生み出す技術の開発は大きい挑戦となる．

　コンピュータに芸術的な小説を書かせるということも，囲碁で人に勝つ人工知能の開発よりも何倍も難しい．ゲームであれば勝った，負けた，が明確であるため人工知能に学習させやすいのであるが，小説のよし悪しを判定するような明確な基準はないため，なにをどのように学習させたらよいかがそもそも難しい．言葉の組合せの数も桁外れに多く，囲碁の初手が 361 通りなのに対し，小説の最初の単語でも，約 10 万通りある．仮に 5 000 語程度の短い小説でも，10 万の 5 000 乗通りもありえてしまう中で，よい表現を見つけなければいけない．まして，人の感性に訴える表現とストーリー展開をつくるとなると，不可能なほど困難である．実際 5 000 文字の短編小説を人工知能に書かせる研究が行われているが，本書の執筆現在，まだ難しいとされている．

1.5　医　　療　　で

　感性をテーマにした書籍であまり扱われないが実は重要な領域であると筆者が考えているのは，医療である．医療で感性というと，心療内科など心の病との関連を思う人が多いと思う．

　確かに，心療内科は患者の心身の曖昧な状態を扱わなければいけない分野のようで，患者の言葉に耳を傾け，感情に寄り添う必要があるようである．実際，「感性」というキーワードを医療分野で検索すると，心療内科関連の文献

がヒットする。心療内科の医師は感性を磨く必要があるという話も見られる。

　心療内科にかぎらず，患者の言葉による訴えは重要であると考える。検査をすれば体の内部の状態はおおよそわかるかもしれないが，患者の言葉による訴えは，診断の入口として重要である。本書の7章で詳述するが
　患者：「頭がガーンと痛いんです」
　医師：「ハンマーで殴られたような痛みですか？」
　患者：「そうです」
という直感的な言葉のやり取りだけで，くも膜下出血の診断が高い確率でできるそうである。医師はこのような患者の直感的な言葉に耳を傾けられる感性をもっていてほしいし，患者も心身の状態を敏感に感じる「感受性」をもち，このような表現ができる感性をもっていることが重要である。自分の体の状態に対する感受性次第で，予後が変わる可能性がある。ここで重要な感性は，製品開発やマーケティングで重要とした「価値判断」に関わる感性というよりも，より物理的な刺激に対する知覚能力に関わるものである。

　また，国際医療福祉大学大学院の中野重行 教授（本書編集当時）は，2010年の「医療におけるサイエンスとアート　人間の理性と感性の働き，医療の論理と倫理の誕生」という記事で，「『理性』の本質は，自然を理解し，コントロールしようとするところにあります。私共が拠り所にしている現代医学（つまり，西洋医学）は，理性に基盤を置いています。したがって，病気の悪い部分を見つけて，これを取り除くか，修復しようとします。そこで，『病気と闘う姿勢』が前面に出てきます。一方，『感性』の本質は，個体としての自己を守ろうとするところにあります。したがって，『病気とともに生きる姿勢』が前面に出てきます。」と書いている。

　本書の1.1節で述べた「感性」の定義の中で，感性を理性よりも下位に位置付ける記述も紹介したが，中野は，理性と感性のどちらが上ではなく，医療では両方のバランスが大切としている。医療にかぎらず，人の活動において，両方のバランスが大切であると筆者も考える。このバランスを助ける役割を，感性情報技術が果たせることを，本書を通じて伝えていきたい。

2 人の感性情報処理基礎

本章では，人の感性情報処理に関する基礎的な知見を解説する。ただし，人が行っていることのすべてを解説するものではない。人がなにをどのように処理しているかについては解明されていないことも多いため，本書では，執筆段階で知られていることや，筆者が重要と思うことを中心に解説する。

2.1 感性情報とは

2.1.1 情報とは

情報とはなにかというと難しいが，少なくとも物理世界のモノそのものからは離れて存在する概念であるといえる。例えば，自動販売機に100円玉を二つ入れて，飲みたい飲み物のボタンを押すと，飲み物と50円玉が出てきたりする。情報社会で生まれ育った人間からすると，まったく不思議ではないが，情報という概念の存在を知らない人が現代に突然やってきたら，100円玉2枚というモノが，飲み物と50円玉に替わってしまったら驚くことであろう。しかし，情報というモノの存在を知っている人であれば，自動販売機は，100円玉2枚のもつ情報を処理して，所定の金額が付与されている飲み物と，差引き金額を処理してお釣りを出す情報処理機械だから当り前，と思うであろう。重要なのは金属の丸いモノではなく，金額という情報であるため，コインで払おうがカードで払おうが，自動販売機の機能としてはどうでもよいことである。また，入れたモノの情報と等価な情報が出て来さえすれば，その情報処理の仕組みはどうでもよいということになる。それほど，情報処理の機械の観点から考

えると，モノと情報は区別される（ものである）。しかし，人の感性情報処理となると，「身体」を通してモノの情報を知覚する，という過程，モノの手触りと感性が直結する，といった考え方もあり，それほど単純にはいかない面がある。これについては，本章でもまた触れるが，本書を通じて考えていただきたいことでもある。

2.1.2 人についての情報処理とは

「情報」という概念が科学で用いられるようになったのは，1940年代の後半ごろからとされる。このころ，その後の情報科学発展の発端となる技術や考え方が生まれている。特に，世界初の「コンピュータ」が誕生し，単なる計算するための機械である「計算機」としてではなく，高い性能をもった「情報処理機械」としてその後の社会に大きな影響を与えるようになった。

人の脳や心の働きを研究対象とする**認知科学**という分野もコンピュータの影響を強く受けながら，コンピュータの進化と共に発展してきた。人の心の働きもコンピュータのような情報処理とみなして，人の認知機構について明らかにしようという研究方法が生まれた。このような研究方法を**情報処理アプローチ**などという[7]。

2.1.1項の自動販売機の例に当てはめてみると，人は，100円玉2枚を渡されて，2枚のコインがもつ情報を処理して，飲み物の値段の情報と渡された金額情報を計算し，150円の飲み物と50円のお釣りという結果を導き出すことができる。この過程で，人も情報処理をしている，ということになる。つまり，100円玉2枚が入力されると，その情報が伝えられ，一時的あるいは後でも引き出せる程度に長く，その情報が貯蔵，つまり記憶され，求められている結果を出せるように計算されて，150円の飲み物と50円のお釣り，として出力される。情報処理として重要なのは，入力と出力の間の処理である。古典的ではあるが，人の情報処理の流れを示すと**図2.1**のようになる：

外界のモノについて，入力インタフェースとしての身体を通してモノの情報が入力される。入力情報からそのモノの特徴が抽出されるが，この処理は，知

図 2.1 人の情報処理の流れ

覚に相当することから，知覚情報として伝達されていく．この際，すでに記憶，知識として貯蔵している情報も参照されながら意味処理などが行われ，感情が生まれたり，行動が起きたりといった，なんらかの出力がされる．この流れの中での感性の位置づけについては，2.1.4 項で述べる．

2.1.3 人についての情報処理研究の系譜

人の情報処理メカニズムについて研究する学際的分野として，コンピュータの進化と共に発展してきた「認知科学」という学問分野があることはすでに述べたとおりである．認知科学は，人工知能（学），心理学・言語学，神経科学，哲学など文系理系にまたがる学際的基礎科学である．人間，特に脳と心のメカニズムの理解と解明を目指す学問分野で，目的としては認知心理学と同じであるが，方法や考え方は，コンピュータモデルと連携しているという特徴がある．

1960 年代から 1970 年代にかけて，アメリカの認知心理学では，人が知覚し，認識した情報が「知識」として脳（や心）の内部でどのように処理され，「表象・表現」され，利用されているのか，というメカニズムへの関心が高まっていた．この疑問は，人の脳（や心）の内部での処理過程をブラックボックスとしたまま，「刺激→反応」の対応関係のみで解明しようとしてきた従来の行動主義的方法では解決できず，人の内部での情報処理過程などを明確に説明できる**コンピューテーショナルモデル**の提案が求められるようになった．このようなモデル構築への欲求により，人間の知的能力をコンピュータに組み込もうとする人工知能研究の成立と強いつながりをもつことになった．

さらに，1990 年代以降，**fMRI**（functional magnetic resonance imaging，**機能的磁気共鳴画像**），**MEG**（magnetoencephalography，**脳磁図**），**NIRS** (near-infrared spectroscopy，**近赤外線分光分析**）など脳活動の特徴を可視化する方法が進歩したことにより，人の情報処理メカニズムの解明において，脳科学，特に人間の高次心理過程と中枢神経系との対応関係の解明を目指す認知神経科学の重要性が急速に高まった。

人の情報処理研究の初期は，1956年のダートマス会議で誕生した「人工知能」研究が，1960年代に，人の脳は神経細胞の電気ネットワークであるということに着目してつくられた人工神経細胞のネットワーク（**ニューラルネットワーク**）の考え方と連動して発展した。その後1980年代に入り，James L. McClelland と David E. Rumelhart の主導による並列分散処理の計算パラダイム（**神経回路網モデル，コネクショニストモデル**）による人の情報処理過程に関する新しいモデルが提案され，知覚，記憶，学習，言語理解など人の基本的な認知能力の解明が進んだ。そしていまは，まさに人の感性情報処理の解明が注目されている。

2.1.4 人の感性情報処理とは

人は外界のモノを感覚器を通して知覚し，なにかを感じる。例えば，青空を見て，「奇麗だな」と感じたり，「スッキリ爽やか」な気分になったりする。どこかに出かけたくなるかもしれない。ペットの毛を撫でて，「気持ちいいな」と感じたり，「モフモフだ」と表現したりする。刺激に対する個人的印象のような脳の反応を伴った情報は，一般に，**感性情報**と呼ばれる。

感性情報は，外界にあるモノからの刺激が入力されて起きる，個人の脳内反応である。外界のモノそのものを表す客観的情報ではなく，モノに対する個人の体験，それまでの経験に基づく知識に基づく主観的情報である。感性情報は，刺激の元となるモノそのものに影響を受けるが，その刺激に対する個人の意味づけによってつくられる。このような感性情報の分析方法については3章で解説する。

感性情報は，「個人の脳内反応」としたが，脳科学的に見るとどのようなことなのであろうか。

人の脳の仕組みはいまだ解明されていないことが多く，その全容を明らかにできるような研究方法も十分に確立されていない。2.1.3項で言及した，fMRI，さらに**PET**（positron emission tomography，**ポジトロン断層撮像法**）などによって，脳の活動の一部は可視化できるようになるなど，近年の計測技術は急速に進歩はしているが，脳が通常の科学的研究対象と一線を画している点は，脳が，「心」と呼ばれる働きと関連することである。「脳」はモノであるが，「心」はモノではないという点が最大の問題である。人の感性情報処理を解明しようとする場合，「心」の問題は無視できない。

脳は生物の一つの器官として1 000億個以上の神経細胞（ニューロン）とグリア細胞からなり，ニューロン同士がシナプス結合することで，巨大なネットワークを形成している。入力される情報の処理，学習，記憶，思考，そして心の働きも，ネットワークを伝わる電気信号（インパルス）によって実現されている。

神経細胞のネットワーク活動と心の関係の解明は，まだ解明されていない脳と心の問題を解く上で重要なカギとなる。脳の中で，ニューロンのどのような発火時空間パターンにより「心」が生まれるのか，といった問題は，脳科学の基本的な課題である。まさに，感性情報処理の解明は脳科学の課題の解明と密接に結び付いている。

人の脳では大脳新皮質が非常に発達しており，そのことによって，他の動物とは異なる人特有の認知能力が成立しているとされる。感性に関わる価値判断や快・不快などがどのようにして判断されるのかなどは，次節以降で解説するため，本節では，感性と遺伝子に関する関係について少し触れておく。快・不快といった価値判断，心の状態には**セロトニン**という物質が関わっているとされ，**セロトニン搬送体**（serotonin transporter）の作成コードを所持している遺伝子があるという。アメリカ精神衛生研究所の研究では，セロトニンの活動が脳の初期の発達段階で感情を処理する回路作成に重要な役割をするが，短い遺伝子は回路の連結の成長を妨げ，その結果として扁桃体(へんとうたい)の過剰反応抑制が難しくなり，神経症的不安を発生させる可能性があると報告している。同じ刺激

から人によって異なる感性処理が行われることの背景に遺伝子が影響しているという可能性は，脳の働きの解明から人の感性情報処理にアプローチするということとは別次元で行われる研究として，注目すべきものである．

2.2 モノの情報と人の感覚センサ

2.2.1 人にとってのモノの情報とは

モノがもつ物理的な性質を把握するためには，工学や物理学的な技術が必要である．

「モノがもつ情報」について，ここでは，モノのもつどのような物理的な性質が人にとってのモノの情報と関連するのかについて考えたい．モノの物理的な性質との関係で考えるため，人が感覚受容器を通して入力する情報に絞って考える．つまり，視覚を通して入力する情報としては光が関係し，触覚を通して入力する情報としてはモノの表面形状，硬さ，温度といった性質が関係し，聴覚を通して入力する情報としては音が関係する．

例えば，物体表面での光の反射の仕方を正確に測定することは，モノについて，人が視覚を通して知覚する物理的情報を捉える(とら)ための重要な方法である．これには**双方向反射率分布関数**（bi-directional reflectance distribution function, **BRDF**）が使われる．BRDF は，物体表面に，ある方向から光が入射したときに，どのような方向にどれだけの強さで光が反射するかを表すデータである．BRDF データがあれば，ある照明環境に物体を置いたときの光線の振舞いをシミュレーションして，リアルな物体の見えを再現することができる．ただし，現実に存在する光を通すさまざまな物体（人の肌や石鹸(せっけん)など）は半透明な性質をもつが，そのようなモノの計測は BRDF では不十分とされ，その他の反射特性（工学的特性）を捉えるための方法が必要である．また，反射特性以外にも視覚的な情報を形成する要因はあり，人の視覚を通して利用するモノの情報においては，反射特性，3 次元形状，照明の三つが重要とされる．さらに，モノの動きも重要な情報である．

モノの感性情報処理の出発点は，人の**感覚センサ**（**感覚受容器**）であることから，以下では，小松英彦 編「質感の科学」（朝倉書店，2016）[13]を参考に，人の感覚センサ，特に視覚と触覚との関係でモノの情報について解説していきたい。

2.2.2 視覚を通して入力されるモノの情報

モノがなぜ見えるのか。光が瞳孔を通ってから，水晶体，ガラス体を通って網膜に当たり，網膜の一番奥にある視細胞で光が電気信号に変換され，大脳新皮質に伝えられる。

脳は網膜に写った映像を，形，明るさ・色，奥行きなどの位置という基本的な特徴ごとに分析しているとされるが，本節ではもう少し詳しく視覚を通して知覚されるモノの情報について見てみたい。

(1) **反射特性** 光沢感などの光学的な質感を生み出す物理的原因は反射特性である。反射特性は，網膜像から照明環境や表面形状が推定される複雑なものである。人の脳は自然な照明環境を想定して反射特性を推定しているとされる。

(2) **ヒストグラム統計量** 光沢を代表とする表面反射特性の知覚は，輝度ヒストグラム統計量という画像特徴を利用しているとされる。輝度ヒストグラムとは，どの輝度がどれくらいの頻度で分布するかを示したものである。人間は，輝度ヒストグラムの歪度，またはそれに相関する画像統計量を用いて，光沢を判断しているとされる。しかし，人間の視覚は入力画像を強度分布としてではなく，さまざまな空間周波数や方位の帯域に分けて処理するため，視覚が輝度ヒストグラムの特徴を抽出することは複雑であるとされる。

(3) **色** 光沢知覚には色も重要である。リンゴやオレンジなどのモノに色がついていても，ハイライトは白いことが多い。多くの場合，照明は白色であるため，ハイライトも白色になる。照明に色がついていればハイライトにもその色がつく。人間の視覚は，ハイライトのもつ色

の性質を理解して，明るいところがハイライトかどうかを判断しているとされる。

(4) **半透明感**　BRDF は，物体の表面の反射する光のみ考慮するが，大理石や人の肌など，多くのモノの材質は半透明で，入射光の一部は物体内部に入り込んで少し離れたところから出てくる。これは表面下散乱と呼ばれ，それを考慮した反射特性関数は**双方向散乱反射率分布関数**（**BSSRDF**）と呼ばれる。

(5) **液体の粘性**　人の視覚は，液体の粘性をどのように知覚しているのか。液体の粘性を判断する手掛かりとして形態情報がある。水や蜂蜜を流したとき，それぞれ特有の形が観察される。輪郭や液体の広がり具合に関する形態特徴を統計的に捉えることで，液体の粘性が判断できる可能性はある。また，運動情報にも液体の粘性を判断する手掛かりがあるとされる。形態情報を除いて，ドットの動きのような運動情報だけで液体の動きを表現しても，それを見た人は，液体らしさや粘性を感じることができる。粘性の判断には，局所的な運動の速度の平均が用いられているとされる。運動速度が遅いほど粘性が高く，速いと粘性が低いと判断している。

以上をまとめると，人の視覚は，色と形と運動という基本的な視覚属性のうち，光沢などの光学的な質感は色の知覚の延長であるのに対し，粘性は形や運動を利用して知覚されているということになる。

2.2.3　触覚を通して入力されるモノの情報

触覚は，皮膚の中に存在する性質の異なる複数のセンサ（受容器とそれに繋がる神経線維）で外界のモノの情報を処理するところから始まる。例えば，皮膚の変形に応答するセンサは，数種類の受容器が皮膚表面から深部にかけて分布しており，それぞれの反応特性の違いから，圧力に反応するセンサ，皮膚の横ずれに反応するセンサ，数ヘルツ～数十ヘルツの低周波振動に反応するセンサ，100 ヘルツ以上の高周波数に反応するセンサに分類される。また，温冷に

反応するセンサは，冷覚と温覚の受容器が別々に存在し，冷受容器は5～40℃，温受容器は30～45℃の温度に応答する。その範囲外の温度は侵害受容器を刺激して痛みを生じさせる。その他，毛の動きに反応するセンサ，快・不快に強く関与するセンサなどさまざまである。

これらのセンサを通じて得られる神経発火パターンやそれらに基づく脳での知覚処理の結果，粗さや硬さなどの材質の物理的性質や，金属らしさといった材質のカテゴリーに関する情報，快・不快といった感性情報が処理される。

以下，「凹凸感」，「粗さ感」，「摩擦感」，「硬軟感」，「温度感」という基本的な材質の物理的性質について，それぞれ解説する。

(1) **凹凸感** 凸と凸の間が 0.1 mm 程度以上の距離をもつ形状に関するものであり，肉眼でも見えるマクロな凹凸構造をもつ。凹凸感は，指を動かさなくても，対象に触れたことによる皮膚の変形からある程度知覚でき，主として圧力に反応するセンサからの情報によるとされる。

(2) **粗さ感** 刺激の凹凸感距離が数 μm～数十 μm 程度の対象について，指でなぞることで知覚できる。数ヘルツ～数十ヘルツの低周波振動に反応するセンサと，100 ヘルツ以上の高周波振動に反応するセンサの両方が関与するが，主に後者のセンサからの情報によるとされる。

(3) **摩擦感** 皮膚と対象が滑り合うときに生じる固着と滑りによるもので，低周波と高周波の両方のセンサが関連するとされる。

(4) **硬軟感** 指で対象を押すことで生じるため，皮膚の圧力に反応するセンサからの情報と，手の動きに関するセンサからの情報が必要とされる。手の動きに関する情報は，筋，腱（けん），関節にある受容器からの信号を基に生成されている。

(5) **温度感** 時間的にすぐに順応し，空間的にも解像度が低いとされる。例えば，30～36℃程度の刺激に対しては，一定時間で感覚が消失する。また，接触情報を含まない熱輻射刺激を前腕に与えたとき，二つの刺激が 15 cm 離れていても二つに感じないとされる。

これらの五つの材質感については，その知覚が生じやすい手の運動が報告さ

れている。凹凸感，粗さ感，摩擦感は，対象の表面に沿ってなぞる手の運動によって知覚されやすく，硬軟感は，対象表面に垂直方向に押し込む運動によって，温度感は，指と対象の間に温度差があれば，指が触れるだけで知覚される。

2.2.4 聴覚を通して入力されるモノの情報

聴覚を通して入ってくる情報は，「音」と呼ばれる。音は，人の内耳にある蝸牛管が，空気の圧力の時間変化である音波を，感覚器の最初の段階から物理的にさまざまな周波数に分けて検出することで知覚される。音の高低は，直接，音の周波数に対応しており，内耳の構造はそれを直接神経信号に変換している。蝸牛管の内部では，薄い基底膜が長さ方向に沿って異なる周波数に共鳴するようにつくられている。この膜に触れるように，有毛細胞と呼ばれる特殊な細胞が並び，各細胞の直近の膜の振動を検知して神経信号に変換する。個々の有毛細胞は，異なる周波数の音を担当しており，これが多数並んでいることで，低音から高音までの音の周波数を内耳で別々に分離している。

外界のすべての音は，多数の周波数成分の混合として表現できる。つまり，音として知覚されるすべてが，低音から高音までのさまざまな周波数成分の組合せ方とその強度分布で表現される。

以上，2.2節では，モノの情報の入力として，視覚，触覚，聴覚による知覚について解説した。ここでは扱わなかったが，人の感覚器としては，その他に，味覚と嗅覚もある。

2.3 モノの情報と脳

2.3.1 脳の基本構造

2.2節で解説した感覚センサを通して入力された外界の情報は，脳でどのように処理されるのか。これを理解するために，まずは人の脳の基本構造についての理解が必要である。脳の基本構造と人の情報処理メカニズムについては，

さまざまな教科書で説明されている[32]。

　生体には，細胞間で情報交換し，それぞれの細胞活動を有機的に統合する二つのシステムがある。内分泌系と神経系である。脳において特に重要なのは神経系である。神経系では，多数の神経細胞が複雑にシナプスに接続されているが，その構造を変えることで信号の伝達効率を変化させ，学習・記憶などの人の認知活動がつかさどられる。

　神経系は，中枢神経系と末梢神経系，自律神経系に分類できる。これらはいずれも脳の働きによって制御されるが，感性情報処理など人間の認知活動と特に関わりが強いのは中枢神経系である。

　中枢神経系は，大きく分けると，大脳（新皮質，大脳辺縁系），小脳，間脳（かんのう），脳幹，脊髄などから構成される。

　脳幹・脊髄系は，呼吸運動など，反射・調節に関する機能をつかさどり，生きていくために最低限必要なものである。脊髄は，頸（くび）から下の知覚を受けて運動を支配し，延髄は主として頸から上の知覚信号を受けて頭部や顔面の筋を支配する。

　間脳は，視床・視床上部・視床下部などからなり，視床はあらゆる部位からの感覚情報の中継所としての役割を果たす。皮膚感覚，筋感覚などの体性感覚や内臓感覚などの感覚信号は，ここで統合された後，大脳新皮質の感覚野と辺縁系に伝達され，知覚される。間脳の視床上部は生体時計との関わりが深いとされ，視床下部は，心拍や血圧増加といった交感神経系の反応や心拍や血圧低下といった副交感神経系の反応と関連することから，情動との関わりが深いとされる。

　小脳は，身体の各部の筋運動を調節する運動制御の中枢であり，その機能は，いまだ解明されていない複雑な人間の脳の中では，比較的その機能がわかりやすいとされる。

　大脳の中でも，大脳辺縁系は，主に情動・本能，記憶などをつかさどる。大脳半球が間脳に接する部分に発達した神経細胞の集合が大脳辺縁系であり，系統発生的に最も古い古皮質と旧皮質が大脳半球の発達に伴い新皮質に包み込ま

れるように追いやられたものであり，海馬と扁桃体などより構成される。大脳辺縁系は，視床および視床下部と密接な関係があり，情動や本能などの働きにおいて重要な役割を果たしている。なお，海馬は記憶と関係が深く，人の情報処理において重要な働きを果たしている。

大脳新皮質（以下，大脳皮質）は，前頭葉，頭頂葉，側頭葉，後頭葉の大きく四つの部分からなる。大脳皮質は，人間が他の動物より優れた機能を果たすために，重要な役割を果たしている。大脳皮質は，言語，思考，推論，問題解決，運動など高次の精神（知的）機能をつかさどる。

大脳皮質には，図2.2のように，それぞれ特定の機能を担う領域が存在する。例えば，左半球には，言語機能をつかさどっている領野が存在すると一般的にいわれている。ただし，強い左利きの人では，右半球に言語野が存在することもあるとされる。左前頭葉の周辺に存在する言語野は，**ブローカ**（Broca）**言語野**と呼ばれる運動性の言語野であり，ここを損傷すると頭に言葉が浮かんでも話すことができなくなる。左側頭葉の周辺に存在する言語野は，**ウェルニッケ**（Wernicke）**言語野**と呼ばれる聴覚性の言語野であり，ここを損傷すると話された言葉は聞こえるが言葉として理解できなくなる。さらに，各種の感覚器官からの信号を受け取る感覚野，随意運動に関する信号を送り出す運動や，皮膚からの感覚を受容する体性感覚野がある。また，視覚刺激は後頭葉の視覚野で，聴覚からの信号は側頭葉の聴覚野で受容される。そして，それぞ

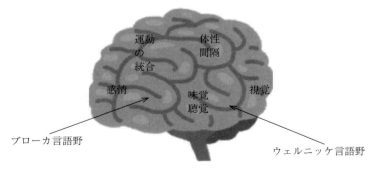

図2.2 人　の　脳

れの感覚野の周辺には，受け取った感覚情報を認知処理するための領野が存在する。

以上が，おおよその脳の構造である。つぎに，2.2節で解説した感覚センサと脳の関係について解説する。

2.3.2 感覚センサと脳

外界のモノの情報は，光線のパターン（視覚の場合）や，体表面に直接与えられる振動や熱（触覚の場合），空気の振動（聴覚の場合）を通して，視覚，触覚，聴覚の感覚センサで受容される。感覚センサで受け取った信号は，神経インパルスに変換され，脳に送られる。感覚情報は，脳の視床で中継された後，2.3.1項で紹介した大脳皮質に伝えられる。

感覚情報が最初に伝えられる大脳皮質の場所は，**一次感覚野**と呼ばれる領野である。視覚は脳の一番後ろにある**第一次視覚野**と呼ばれる場所，聴覚は脳の側面の中央部付近にある**第一次聴覚野**，触覚は脳の上部にある中心溝の後ろに広がる**第一次体性感覚野**と呼ばれる場所である。

感覚野は何段階にも分かれて構成されている。一次感覚野で感覚刺激から比較的単純な特徴が取り出され，段階を追うに従って複雑な特徴が取り出されていく。そして，高次の感覚野で取り出された複雑な刺激の情報が，対象物についての記憶として蓄えられる。

また，注意や行動の選択に関わる前頭前野や頭頂連合野と高次の感覚野は，双方向的に結合しており，情報をやり取りしている。これらの結合を通して，高次の感覚野で処理された刺激についての情報が前頭前野や頭頂連合野に送られて，刺激に対してどのような行動を選択するかを判断することに使われる。

ここまでは，外界の情報が，感覚センサを通じて段階的により高次の脳での情報処理が行われる過程から見てきた（ボトムアップ処理）。しかし，逆に，脳の領野から高次の感覚野に，人間自体が置かれた状況や刺激が表れた文脈についての情報が送られ，特定の刺激の特徴や特定の空間の場所に注意を向けて，より効率的に処理が行われるように助ける過程も生じる（トップダウン処

理)。感性情報処理は，ボトムアップ処理とトップダウン処理の両方の枠組みで考えるべきものと考えられる。

以下では，視覚，触覚を通して取得される情報の脳内処理について概略を説明する。

〔1〕**視　　覚**　視覚の場合は，すべての情報は始めに網膜に存在する光受容細胞が受け取る。光刺激は，網膜に2次元に配置された4種類の光受容細胞の活動として生体に取り込まれる。そこから，視覚刺激に含まれるさまざまな情報が分かれて取り出されていくが，その情報処理については，サルなどによる動物実験による生理学的研究で調べられている。視覚神経系の細胞は，それぞれ視野の特定の場所を担当しており，その場所を**受容野**と呼ぶ。受容野の中に刺激が入ると適当な性質を備えた刺激の場合には活動し，別の刺激では活動しないというように，細胞は刺激に対する選択性をもつ。このような刺激選択性が，脳の中で画像特徴が取り出される処理の基礎になっている。

網膜から第一次視覚野に向けて信号を送り出す細胞の多くは，中心部と周辺部の視覚入力の引き算を行って，明暗のコントラストを計算している。

第一次視覚野の細胞は，エッジの向きや動いている方向に選択性を示し，特定の向きのエッジが受容野に入ったときにだけ反応する細胞が多く見られる。色相や彩度，両眼視差による奥行きなど，さまざまな画像特徴に対する選択性もこの段階で見られる。

第一次視覚野で処理された視覚情報は，その前方に広がる視覚前野で中継されて処理された後，高次の視覚野に伝えられる。この過程で，第一次視覚野で取り出された画像の特徴が組み合わされてより複雑な特徴が取り出される。例えば，顔の向きや特定の人の顔に選択的に応答する細胞が見られる。さまざまな物体カテゴリーを区別する特徴も高次視覚野のニューロンが表現していると考えられている。

〔2〕**触　　覚**　触覚の知覚情報は，刺激がなんであるかという刺激の属性の情報と，いつ，どこに加えられたかという時空間の情報に大きく分けられる。

「なに」についての情報処理では，触覚の知覚情報処理の初期段階を担当している一次体性感覚野では，指は指，顔は顔というように，身体部位ごとに情報が別の場所で処理されており（**体部位局在性**），処理が進むにつれて，より広い身体部位の情報を扱うようになる。

触覚の知覚情報の「どこ」に関する処理であるが，複数の刺激を複数の部位に提示して，それがどこに加えられたかを被験者に回答させる実験では，触覚の空間解像度が低い身体部位に与えられた刺激については，「どこ」に関する記憶が速く失われることが指摘されている。また，能動的に触れた場合の記憶は，長期記憶と関係が深いことも知られている。

2.3.3 多感覚知覚

ここまでは，感覚センサごとに分けて解説してきたが，知覚は，複数の感覚センサで取得される情報を統合することで，精緻な知覚を実現していることを最後に補足しておきたい。

例えば，「粗さ感」は，主に触覚のところで解説したが，触覚だけでしか捉えられないというわけではない。視覚でも粗さは判断できる。特に粗い凹凸感は見た目でもすぐにわかるし，細かい凹凸であっても，光の反射特性からわかる。さらに聴覚でも粗さは判断できる。表面を指でなぞると，摩擦音がすることで，ある程度判断できる。

さらに，知覚は本来異なる感覚センサが統合されて生じていることが多い。例えば，炎は，視覚，聴覚，嗅覚，触覚だけからもわかるが，目の前にあるものが炎だと知覚する際には，四つすべて同時に関わることが多い。感覚センサごとの情報の評価には，それぞれ独自の評価方法があるが，「快・不快」といった感性的評価においては，共通の尺度で計ることができることを3章で解説する。

2.4 脳における感性情報処理

2.4.1 脳における感性

　脳に入力される感覚情報は，視覚や触覚や聴覚といった感覚ごとに情報処理が行われる一方，感覚を統合した情報が「感性・情動神経系」で統合され，快・不快や美醜，好き嫌いといった価値判断が行われる。

　感性や情動の基盤をなしているのは，生物学的な快・不快の感覚である。快・不快の感覚は，動物を特定の行動へと駆り立てる欲求と密接な関連をもち，欲求が満たされると快感が発生し，満たされるとその欲求は減じる。しかし，欲求が満たされないままでいると不快感が発生する。さらに，快・不快の感覚は，動物の嗜好とも密接に関連し，快感をもたらす刺激を好み，不快感をもたらす刺激を嫌う。人間の喜怒哀楽といった主観的感情も，欲求や好き嫌いほど単純ではないものの，快・不快の感覚と密接に関連する。

　このような人間の豊かな「心」の働きの基盤をなす快・不快を生み出す脳の神経回路が，次第に明らかになってきている[28]。前述のとおりこれには，主として，脳幹，視床下部，大脳辺縁系から構成される**感性・情動神経系**と呼ばれる部位が，深く関わっている。

　快・不快の感覚を生むのは，脳の基本構造の説明の際にも述べたように，脳幹と視床下部である。ラットの脳の特定の場所に電極を刺し，ラットが自らスイッチを操作して弱い電流でその場所を刺激できるようにすると，そのラットは電気刺激を求めてスイッチを何度も繰り返して押す，という行動が観察される。ネズミに電極を埋め込んだ場所は快感を生む神経回路だったとされ，電気刺激によって強力な快感を発生させるのは，脳幹から大脳皮質や大脳辺縁系に投射するドーパミンなどを神経伝達物質とする**モノアミン神経系**である。その代表格である**ドーパミン神経系**は，中脳の腹側被蓋野から発生し，内側前脳束や視床下部外側野を通って扁桃体，帯状回，前頭葉など脳内のさまざまな部位に投射する。それに対し，視床下部は，繁殖，接触，水分調節，睡眠，体温

調節など，生存に直結する機能を担っている。自律神経系や内分泌系の最高中枢でもあり，非常に感動すると顔が赤くなったり，汗をかいたり，恐怖を感じると毛が逆立ったりするのも視床下部の働きによる。

先ほど，ラットの電気刺激による快の発生について紹介したが，電気刺激によって不快感を発生させる脳の部位があることも知られている。例えば，猫の視床下部の特定部位に弱い電気刺激を与えると，怒りや恐れを感じ，毛を逆立てたり，唸り声を上げる。

快・不快といった，多くの動物がもつ原初的な感情や生理的欲求から，喜怒哀楽といった主観的な感情を生み，好き嫌いを判断しているのは，扁桃体や海馬などからなる大脳辺縁系である。大脳辺縁系は，脳の深部にあり，視床や視床下部などの間脳を取り囲むように存在する。大脳辺縁系も，動物に普遍的に存在する機能とされる。特に扁桃体は，好き嫌いの判断をしている。例えば，サルはクモを嫌うが，両側の扁桃体を除去すると，クモやヘビを好んで食べようとする。

このように，快・不快や好き嫌いをつかさどる感性・情動神経系には，視覚，聴覚，味覚，嗅覚，触覚といった感覚センサを通して得られる情報だけでなく，内臓感覚や血糖値といった血液中の化学物質に関する情報など，ありとあらゆる感覚情報が送り込まれる。それらすべての情報を統合して，快・不快の判断を一元的に下している。

さらに，感性・情動神経系でも，他の感覚運動神経系と同じように，神経細胞と神経細胞とのつなぎ目であるシナプスでは，神経伝達物質が介在する化学反応が起こっている。特に，感性・情動神経系の神経伝達物質として重要な役割を果たしているとされるのは，ドーパミンやセロトニンなどである。これらは快感との関係性が近年注目されている。

2.4.2 感性・情動と記憶

人間においては，個人間での情動のパターンに大きな違いがありうる。これは，いわゆる経験や学習に基づく知識・記憶が，他の動物とは比較にならない

ほど，人間の神経活動において重要な役割を果たしているためである。

　感覚情報が大脳皮質を介して海馬に送られると，そこに記憶の回路が形成される。一方，記憶回路が形成され，感覚情報が大脳皮質を介して海馬に送られると，大脳皮質の活性化が起きる。いわゆる「思い出す」という記憶の検索である。

　記憶と関連の深い海馬と情動の関連性も指摘されている。ストレスを受けてあがってしまうと，話すことを忘れてしまったりするのも，このせいであるとされる。

　海馬での記憶は，一時的な記憶をつくることにある。そのため，海馬が損傷すると，昔のことは覚えているが新しいことは覚えられない，という障害が生じることがある。脳の記憶システムには，短期的な記憶をつかさどる短期記憶と，過去の記憶を蓄積する長期記憶の，二つのシステムがあることはよく知られている。

　海馬が記憶をつくる役割を果たすのに対し，大脳皮質での記憶は長期的な記憶との関係が深いとされる。

　最後に，感覚入力，感性・情動系，記憶などが関わる一連の人の感性情報処理過程をまとめておこう。まず，目や耳などの感覚器を通して外界の情報が知覚系に入力される。入力された情報は，パターン認識，注意といった過程を経て短期記憶に送られる。送られた情報は，長期記憶，大脳皮質に存在する思考・判断，学習，言語などの領野と連携し合いながら処理され，運動系を通して行動が起きる。人間が外界の状況の変化に柔軟に対応しながら感性情報処理を行う上で，他の動物と比べて高度に発達した大脳皮質の働きが大きいのである。

3 感性計測方法

2章では,感性とはどのようなものか,感性情報はどのように取り込まれ,脳でどのように処理されているのかなど,人の基本的な感性情報処理の仕組みについて解説した。本章では,人がどのように感性情報処理をしたのかについて,客観的に評価する感性計測方法について解説する。

複雑で曖昧な人の感性を測るためには,大きく分けて3種類の方法がある。一つ目は,言語を用いた質問に対する反応により調べる方法(心理学的方法)である。二つ目は,人の行動を観察し計測する方法(心理物理学的方法)である。そして三つ目は,心理活動に伴って生じる脳や身体に生じる変化を計測する方法(生理学的方法)である。本章は,これらの主な計測方法について解説する[5],[27]。

3.1 心理学的方法

3.1.1 SD法

複雑で曖昧な心理特性項目をできるだけ網羅的に分析し,項目間の関係性や,それらを統合して重要な要因を抽出するための方法として,古くから国内外で広く用いられている方法が,**SD法**である。

SD法は,Semantic Differential 法の略であり,意味微分法と訳される場合もあるが,非常によく用いられる方法であることから「SD法」という略称で書かれていることが多い。本書でも,SD法と略して説明に用いる。

SD法は,心理学者オズグッド(C.E. Osgood)によって1957年に考案された。当初は,言葉の意味を測定するための方法であったが,現在では言語概念

だけではなく，さまざまな事物に対する印象などを測る方法として広く用いられている（4.1.3項参照）。

測定対象は，**コンセプト**（**概念**）と呼ばれるが，コンセプトを多角的かつ可能なかぎり明確に捉えるために，反意語のある形容詞や形容動詞，副詞などを多数用意し，それらを両端においた複数段階の評価尺度に対して，被験者に評点をつけてもらう。得られるデータは，評点をつけることで数値データとなるため，3.1.2項で解説するさまざまな統計的解析を行うことができる。

SD法では，コンセプトに対するイメージをできるだけ表現できるような言語による評価尺度を用いるが，一つの言語（形容詞対など）だけでコンセプトのイメージを表現するのではなく，複数の言語をさまざまに組み合わせることで，コンセプトの全体的な印象を捉えられるようにする。その後の統計的解析では，複数の評価尺度（多次元）のデータを，できるだけ少数の主要因にまとめようとすることが多い。例えば，Osgoodは，言語の概念に関するSD法とその結果に対する因子分析という統計的解析を行った結果，言語の意味は，**評価性**（evaluation），**力量性**（potency），**活動性**（activity）の三つの基本軸にまとまると指摘している。複雑で曖昧な概念をこのようにまとめることで，わかりやすくなるかどうかは，おそらく考え方が分かれるところであるが，非常に有名な指摘である。

以下では，SD法の実施手順について説明する。

〔1〕 **評価尺度の選択**　SD法では，**図3.1**のように，反対の意味をもつ言語表現を線分の両極に配置したものを，連続して複数設定し，被験者に評価を求める。主に形容詞が用いられるが，形容動詞や副詞，さらには感性表現としてのオノマトペも用いられることがある。以下ではこれらを「形容語」という言葉で代表する。用いられる形容語対は，「よい—悪い」，「好き—嫌い」といった感性評価そのものが採用されることも多いが，視覚的印象を捉えたい場合は「明るい—暗い」，触覚的印象を捉えたい場合は「かたい—やわらかい」など，目的に応じて，複数用意する。

注意すべき点としては，被験者が理解しやすい表現を用いることが挙げられ

3.1 心理学的方法

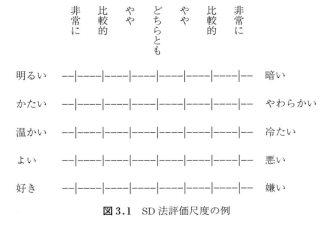

図 3.1 SD 法評価尺度の例

る。専門用語は用いず，日常表現を用いる必要がある。難しい漢字も用いないようにする。しかし，平仮名を用いてしまうと，多義的になってしまい，どの意味で解釈されたかによって評価に影響が出る。例えば，「あつい」には，「熱い」，「暑い」，「厚い」があるが，それぞれ「冷たい」，「寒い」，「薄い」が反意語となり，まったく異なる。SD 法では，反意語があるものを用いるとされるが，ある形容語の反意語がなんであるかを決定することは困難な場合がある。例えば，「甘い」の反意語は「苦い」なのか？「酸っぱい」の反意語はなんなのか？味を表す形容語については非常に難しいことがわかる。

　そもそも，形容詞はマルチモーダルで多義的であるため，被験者がどの感覚を表す形容詞であると解釈するか，どのような意味で解釈するか，解釈に曖昧性が生じないように注意する必要がある。例えば「甘い」という形容詞は味覚を表現する形容詞であるが，「甘い匂い」，「甘い声」といったように，別の感覚モダリティに関わる名詞を修飾することがあることからわかるように，感覚形容語には複数の感覚に関連するものがある。

　また，Osgood が指摘した「評価性（evaluation），力量性（potency），活動性（activity）」という基本 3 次元に関連する形容語は入れるようにするのがよいとされる。例えば，評価性については，「よい—悪い」，「好き—嫌い」，力量

性としては，「強い―弱い」，「大きい―小さい」，活動性としては，「積極的な―消極的な」，「熱い―冷たい」などが挙げられる。

〔2〕 **評価尺度の提示順序の決定**　形容語対を選定したら，それをどの順番に提示するかを決める。縦の順番に提示するため，被験者は，上から順番に評価していく。そのため，順序による影響を考慮する必要がある。例えば，似通った意味の形容語，例として「大きい―小さい」のつぎに「強い―弱い」をつづけて提示すると，「大きい≒強い」，「小さい≒弱い」と連想してしまい，似通った評価をしてしまう可能性がある。また，被験者ごとに形容語対評価尺度の順番をランダムにし，疲労の影響を受けやすい後半にいつも同じ評価尺度が来ないようにする必要がある。また形容語対の左右もランダムにするのがよいとされる。いつも左にポジティブな意味の形容語があると，形容語をよく確認せずに思い込みで回答される可能性があるし，右利きの人は右にチェックしやすい，といった報告もある。

さらに，総合的な評価尺度は最後に置くのが一般的である。「好き―嫌い」という評価尺度が最初にあると，「好き―嫌い」という観点で，「明るい―暗い」といった評価尺度についても，「明るいほうが好き」と考えて回答してしまう可能性がある。

〔3〕 **尺度の段階と度合を表す副詞の決定**　SD法が考案された当初から，評価尺度は段階尺度が一般的に用いられてきた。通常5段階か7段階である。反意語の形容語を両端に置くため，中央は中立の意味となる。偶数の段階を用いると，中央がなくなってしまうため，被験者が両端のどちらの形容語寄りかを決定しなければならなくなり，どちらでもない場合，無回答となるリスクが上がるためである。3段階の場合，回答に自由度がなくなり，9段階以上の場合は，被験者に微細な判断を強いることになるため，段階が少なすぎても多すぎても問題がある。

両端の形容語を置いて，尺度の各段階に，ただ数値をふるだけでなく，各段階がなにを表すのか，度合いを表すような副詞を付けて表現することが多い。副詞表現が不適切だと，被験者の判断に混乱を招くため，適切な副詞を用いる

ことが大切である。

〔4〕 **その他の工夫** 評価尺度は，線分上に段階の目盛を付けて表されるが，その両端は，図3.2の一番上のように，両端を閉じて示す **closed-ended** と呼ばれる形や，それ以外の両端を開いた形で示す **open-ended** という形がある。被験者は，両極の最大値に評点をつけることを敬遠する傾向があることから，open-endedにすると，その先があるかのように感じさせる効果があると考えられている。

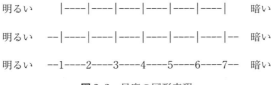

図 3.2 尺度の図形表現

また，質問紙で，どこかの段階に○を付けてもらう場合にも，各段階に数値をふることがよくあるが，特にコンピュータディスプレイ上で回答してもらう場合には，数字をふっておくことで，キーボードのテンキーで数字を入力していくことができるため，被験者の回答負荷が低くなる。

〔5〕 **被験者の選抜** 被験者が回答方法に慣れるように必要に応じて練習をしてもらうように配慮するとよい。特に，コンピュータに入力してもらう場合は，練習も必要なことがある。健康で，ある程度の時間の回答に耐えられること，言葉の意味を正確に理解できることなど，被験者の状態の把握が必要である。また，調査対象に対して，特殊な専門能力がある人を対象とするのか，そうではなく特殊技能をもたない人を対象とするのかなども検討する。

〔6〕 **実験の実施** 実施に際しては，被験者が余計なことを考えずに評価できるように，評価尺度以外の項目は必要最小限にとどめる。評価者数は30名以上が望ましい。個人の能力を問うものではないこと，被験者個人が特定されないようにすることなどを説明する。そして，感じたままを直感的に答えてもらうようにする。

3.1.2 SD法によるデータの解析方法

SD法で得られるデータは，人による評定値であるため，統計的な解析が必要である。統計的な解析とは，ある程度以上の数のばらつきのあるデータの性質を調べたり，大きなデータ（母集団）から一部を抜き取って，その抜き取ったデータ（標本）の性質を調べることで，元の大きなデータの性質を推測したりするための方法論を体系化したものである。

そもそもデータとは，なんらかの目的のために取得された文字，符号，数値などの集合体であるが，それらの集合体を漠然と見ていても，そこからはなにもわからない。データの数を数えたり，平均を出したり，分類をしたりといった解析をすることで，データの性質や意味を把握し，活用することができる。

ある程度の数のデータには，必ずばらつきが伴う。もし，1年中気温が一定であれば，平均気温を出す必要もないし，そもそも天気予報は必要ないが，実際には，地域や日時によって気温はばらつく。そこで，地域ごとに分けて傾向を見たり，日時ごとの平均気温を出したりすることで，気温の予測をする。

SD法によるデータは，人の主観評価データであるため，ばらつきが大きい可能性がある。そのため，データが意味することを把握するためには，統計的な解析が必要である。本節では，代表的なデータ解析方法について概要を紹介する。各分析方法の詳細は統計の本を参照されたい。

〔1〕 **主成分分析**　**主成分分析**（principal component analysis）とは，観測されたデータ間の相関関係を，いくつかの少ない変数（主成分）によって説明する手法である。多くの変量データを，情報の損失をできるだけ抑えつつ，いくつかの成分に合成（または圧縮）することによって，総合的指標あるいは特性を求めるものである。

図 3.3 はデータを散布図として示したものであるが，このままではただのデータの集まりで，これがどのようなデータなのかなにもわからない。

主成分分析では，これらのデータの散布図において，**図 3.4** のように分散が最大になるように，つまり最もデータの幅が広くなるような軸を見つける。1番幅が広いものから順に，**第1主成分**，**第2主成分**と呼ばれる。

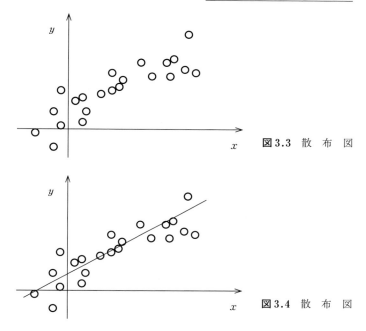

図 3.3 散 布 図

図 3.4 散 布 図

　主な軸に制限すると，データの概要を把握しやすくなるという点はよいのであるが，もともと多数あるデータを少数のデータにまとめようとすると，必ず情報の損失が起こる。そこで，情報の損失ができるだけ少なくなるように重みを設定する必要がある。なお，情報の損失が最も少ないのは，新しい合成変数（主成分）の分散が最も大きい場合である。

　元データの次元数を少なくするための新尺度が主成分であるが，元のデータが n 次元であれば，**第 n 主成分**まで存在するということである。そして，最も分散の大きい新尺度（情報の損失が最も少ない新尺度）が第 1 主成分，n 番目に分散の大きい新尺度（情報の損失が n 番目に少ない新尺度）が第 n 主成分である。

　第 n 主成分まで軸を引けば，情報の損失はなくなるが，もともと膨大なデータをそのデータの性質を把握しやすい少数の軸にまとめる目的で行うのが主成分分析であるため，すべての主成分を分析に用いるのでは意味がない。そ

こで，第何主成分まで見れば，データの性質を効率よく把握できるかを見極める必要がある。

また，主成分分析をした場合は，抽出された新尺度がどのような尺度なのかを理解する必要がある。その際利用するのが，**主成分負荷量**である。主成分負荷量とは，ある主成分と各変数（元データ）がどのくらい関連しているかを示すものであり，主成分と変数（元データ）の相関係数である。この関係性を見ることで，各主成分の特徴を理解して，新たな名前を付与したりする。例えば，**図3.5**は，4科目の得点を，二つの主成分にまとめた場合の例である。第1主成分に対する数学と物理の主成分負荷量が大きく，国語や英語の主成分負荷量が小さければ，第1主成分は理系科目，第2主成分に対する国語や英語の主成分負荷量が大きければ第2主成分は文系科目，といったようになる。

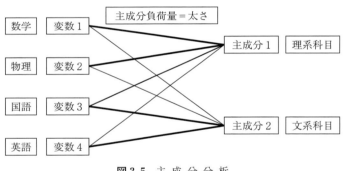

図3.5 主成分分析

以下では，主成分分析の手順について，説明してみよう。

SD法で取得したデータを主成分分析すると，主として**固有値**と**寄与率**と**累積寄与率**が得られる。表3.1～表3.3より，固有値が最も大きい第1主成分の寄与率は約25％，第2主成分の寄与率は約22％，第3主成分の寄与率は約13％，第5主成分までで，累積寄与率によれば約80％のデータを集約できていることがわかり，考察の対象として十分であることがわかる。

つぎに，主成分負荷量の結果例を**表3.4**に示す。

なお，これらのデータは筆者が担当している実験の授業で20個の質問項目

3.1 心理学的方法

表3.1	固 有 値
PC1	5.029 457
PC2	4.346 187
PC3	2.670 664
PC4	2.326 477
PC5	1.548 051
PC6	1.249 612
PC7	0.744 244
PC8	0.528 292
PC9	0.363 25
PC10	0.355 702
PC11	0.307 504
PC12	0.178 953
PC13	0.112 98
PC14	0.084 01
PC15	0.061 327
PC16	0.045 417
PC17	0.029 248
PC18	0.016 178
PC19	0.002 446
PC20	2.66E−16

表3.2	寄 与 率
PC1	25.147 29
PC2	21.730 94
PC3	13.353 32
PC4	11.632 39
PC5	7.740 256
PC6	6.248 059
PC7	3.721 22
PC8	2.641 462
PC9	1.816 251
PC10	1.778 508
PC11	1.537 521
PC12	0.894 767
PC13	0.564 899
PC14	0.420 049
PC15	0.306 635
PC16	0.227 086
PC17	0.146 239
PC18	0.080 89
PC19	0.012 231
PC20	1.33E−15

表3.3	累積寄与率
PC1	25.147 29
PC2	46.878 22
PC3	60.231 54
PC4	71.863 93
PC5	79.604 18
PC6	85.852 24
PC7	89.573 46
PC8	92.214 92
PC9	94.031 18
PC10	95.809 68
PC11	97.347 2
PC12	98.241 97
PC13	98.806 87
PC14	99.226 92
PC15	99.533 55
PC16	99.760 64
PC17	99.906 88
PC18	99.987 77
PC19	100
PC20	100

に回答してもらうことで取得したデータを解析したものである.

寄与率の大きい第1主成分では,質問項目8と16が,第2主成分では質問項目1と9が,第3主成分では質問項目3と12の絶対値が大きい.このことから,それぞれの主成分がどういったデータを集約している軸なのかを推定し,主成分に名前をつける作業を行う,といったことが主成分分析では行われる.

なお,主成分分析とよく似た分析として,**因子分析**があるが,両者は異なる.因子分析は,データ中の誤差(独自因子)を小さくすることで,データ中に潜んでいる潜在変数(**潜在因子**)を見つけ出すことを目的としているのに対し,主成分分析は,得られた変数を集約した情報(主成分)を見つけることで,データの特徴を把握しようとするものである.**図3.6**に示すような違いがある.

3. 感性計測方法

表3.4 主成分負荷量

	PC1	PC2	PC3	PC4	PC5	PC6
Q1	0.210 578	-0.729 39	-0.109 32	0.311 751	-0.089 8	0.411 888
Q2	-0.574 4	-0.633 76	0.199 238	-0.152 36	0.161 607	-0.019 16
Q3	-0.040 79	-0.251 56	-0.735 61	-0.387 76	-0.144 46	-0.220 62
Q4	-0.456 37	-0.394 97	-0.380 38	-0.586 11	-0.079 51	-0.158 34
Q5	-0.468 93	-0.632 04	-0.321 19	-0.368 91	-0.124 38	0.188 108
Q6	0.746 506	-0.307 84	-0.241 36	0.095 653	-0.384 55	-0.086 02
Q7	0.388 884	-0.264 21	0.417 294	-0.291 02	-0.341 94	-0.582 08
Q8	0.760 136	0.004 256	-0.518 58	0.138 078	0.132 88	0.036 778
Q9	-0.068 93	-0.796 56	0.110 429	-0.190 94	0.057 269	0.387 889
Q10	-0.309 68	-0.664 28	-0.059 1	0.627 116	-0.054 12	-0.128 2
Q11	-0.456 08	-0.610 13	0.142 257	0.480 084	-0.063 39	-0.310 99
Q12	0.368 987	-0.151 97	-0.701 57	0.453 462	0.086 771	0.054 902
Q13	-0.528 83	-0.559 38	0.306 264	0.367 244	0.188 537	-0.201 63
Q14	0.628 082	-0.095 29	0.405 283	0.151 497	-0.478 69	0.001 406
Q15	0.369 832	-0.518 16	-0.054 36	-0.278 91	-0.500 99	0.058 126
Q16	0.779 921	-0.222 85	0.335 761	-0.062 79	0.207 162	0.138 758
Q17	0.702 446	-0.422 2	0.246 475	0.162 101	0.138 713	-0.003 78
Q18	0.294 878	-0.371 92	0.400 322	-0.483 82	0.303 406	0.286 708
Q19	0.439 218	-0.298 67	-0.433 64	0.024 902	0.509 775	-0.263 7
Q20	0.549 299	-0.334 84	0.133 481	-0.311 16	0.491 157	-0.375 86

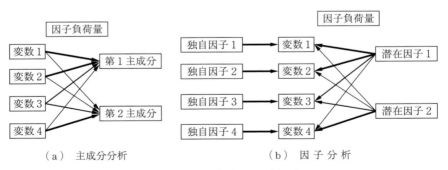

図3.6 主成分分析と因子分析の違い

〔2〕 **重回帰分析** 複数の説明変数（独立変数という）によって目的変数（従属変数という）の変動を予測・説明するための分析手法として，**重回帰分析**（multiple regression analysis）もよく使われる。目的変数に強い影響力をもつ説明変数を探すためにも用いられる分析である。

一つの変量（目的変数）の値を他の変量（説明変数）の値から予測・説明する分析を**回帰分析**といい，説明変数が一つの場合は**単回帰分析**，説明変数が複数の場合は「重回帰分析」という。

一つの変数の値を別の変数の値の線形式から予測・説明するということは，中学・高校の数学教育からやっていることで，つぎのような式 (3.1) をつくることであり，**図3.7**のような軸を見つけることである。

$$y = a_1 x_1 + a_2 x_2 + \cdots + a_n x_n + a_0 \tag{3.1}$$

ここで y は例えば「好き―嫌い」といった全体的評価であり，そのような結果を生む原因となる「明るい―暗い」，「やわらかい―かたい」がそれぞれ x で表される変数で，どれがどの程度強く好き嫌いに影響を与えるかを予測する式をつくるといったことである。（予測値の分散）/（実測値の分散）が 1 に近いほどよいが，予測式の統計的有意性の確認も重要である。

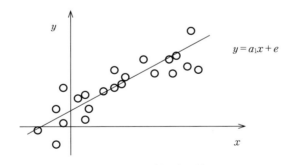

図 3.7 回 帰 分 析

有意確率とは，帰無仮説（偶然だ）が支持される確率であるため，有意確率が低いほうが，「偶然だ」の確率が低く，つまり，分析結果は偶然ではないということになる。

有意確率 ＜ 有意水準　〇

有意確率 ＞ 有意水準　×

統計的な検定をする場合，有意確率の判断基準を〇〇％以下というように，「偶然ではない」と判断する基準を設定する。

一般的には，5％，1％，0.1％水準で判断することが多く，「〇〇％水準で有意な結果が得られた」といい，それ以外となった場合，「統計的に有意な結果は得られなかった」という言い方をする。

また，回帰分析と間違えやすい分析として**相関分析**がある。ある変数とある変数の増減に関連性があるかを分析するが，因果関係を予測するものではないことに注意する必要がある。相関関係は，単に，一方が増えると他方も増える，あるいは減るという関係があるかどうかということだけである。−1は負の相関，0は相関がない，＋1は正の相関となるが，相関にも強い相関から弱い相関まで段階がある。正の相関と負の相関はそれぞれ**図 3.8**（a），（b）のような関係である。

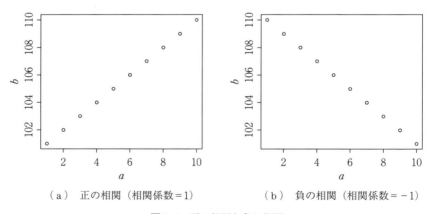

（a）　正の相関（相関係数＝1）　　　　（b）　負の相関（相関係数＝−1）

図 3.8　正の相関と負の相関

〔3〕　**クラスタ分析**　　**クラスタ分析**とは，データから項目間の類似性を判定し，類似度の高いものを均質なクラスタ（まとまり）に分類する分析手法である。

クラスタ分析では，各データ（クラスタ）間の距離（ユークリッド距離，マンハッタン距離，最大（最長）距離など）を求め，距離の近いデータを併合して新しいクラスタをつくる（まとめる）**ウォード（Ward）法**，**最短距離法**（単連結法），**最長距離法**（完全連結法）などがある）。**図 3.9**は，表 3.1〜表 3.4 のデータからユークリッド距離，ウォード法により得られるグラフである，デンドログラム（ツリーダイアグラム：樹形図）の例である。

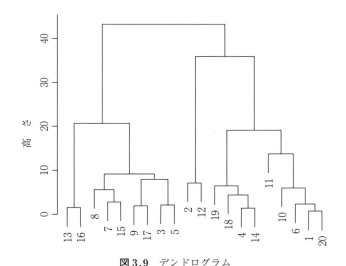

図 3.9　デンドログラム

以上のように，SD 法などで感性を数量化することで，このようなさまざまな統計的解析を行うことが可能になる。

3.1.3　多次元尺度構成法

多次元尺度構成法（multi-dimensional scaling, **MDS**）は，解析対象データを，2 次元あるいは 3 次元空間上で，類似したものを近くに，そうでないものを遠くに配置することで，データの構造を考察する方法である。

表 3.5 は，1973 年のアメリカ 50 州の人口 10 万人当りの殺人，暴行，レイプの犯罪数，および都市人口の割合〔％〕である。また，これら 4 種類のデー

表 3.5 犯罪統計順位（数字）（Wikipedia 多次元尺度構成法の page より）

	殺人	暴行	レイプ	都市人口率
ハワイ	34	49	25	6
ノースカロライナ	8	1	35	45
カリフォルニア	18	7	3	1
フロリダ	3	2	7	9
バーモント	46	48	43	50

タに基づき，似た州は近くに置くように2次元空間に配置した結果が**図 3.10**である。

この図から，ハワイ（右下）とノースカロライナ（左上）が対照的な関係にあり，カリフォルニアやフロリダ（左下）とバーモント（右上）が対照的な関

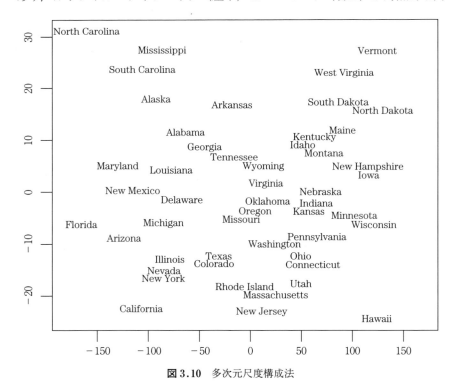

図 3.10 多次元尺度構成法

係にあることが一目でわかる。さらに，表 3.5 で，これらの州がこれら 4 種類の中で何位であるかを見てみる。すると，左側にあるノースカロライナやフロリダが暴行で 1 位と 2 位，右側にあるバーモントとハワイが 48 位と 49 位であることから，横軸は「暴行」軸であることがわかる。一方，上側にあるノースカロライナやバーモントは，都市人口率が 45 位と 50 位なのに対し，下側にあるカリフォルニアやハワイは都市人口率が 1 位と 6 位であることから，縦軸は「都市人口率」軸であるということがわかる。つまり，これら 4 種類のデータでは，「都市人口率」と「暴行」が重要な要素であること，都市人口率が高いからといって必ずしも暴行が多いわけではないということ，なども推察できる。

3.2 心理物理学的方法

3.2.1 物理刺激と感性

概念や感性そのものを測定しようとするのではなく，入力刺激としての物理量と（感性）情報処理の結果としての出力反応との関係を明らかにしようとする学問は，**心理物理学**（psychophysics）と呼ばれる。

刺激となる特定の物理的属性の量的変化に対して，感覚・感性といった心理量がどのように変化するか，という関係を明らかにしようとするものである。例えば，素材の表面形状の変化に対して，視覚的印象や，触覚的印象がどのように変化するか，といった関係を明らかにしようというものである。

刺激の物理的属性と感覚は 1 対 1 の関係にあるように見えるため，特定の刺激によってもたらされる特定の感覚は，つねに特定の反応をもたらす，と考えられてきた。

しかし，このような従来の心理物理学が前提としてきた刺激—反応の 1 対 1 位関係は，条件をコントロールした実験環境でしか成立しない。実社会では，さまざまな刺激が同時に関わりながら，人はなにかを感じたりする。例えば，チョコレートを食べたときに人が感じるおいしさは，甘味だけで評価された結

果だけではなく，見た目や香り，噛んだときの音，口どけなどの食感など，複数の物理的属性によってもたらされた感覚を総合的に感じた結果である。ところが，従来の心理物理学の考え方では一つの刺激に対する一つの感覚評価を求めるため，被験者に複数のチョコレートを食べ比べさせて，各チョコレートの甘さだけを評価させたりすることになる。厳密には，目を閉じて，鼻をつまんで食べる，という非日常的な食べ方をさせることが必要になるが，そのような食べ方でなにかを食べるということは普通はあまりしない。

　人は，そもそも特定の刺激のみ知覚したり意識したりすることは難しく，さまざまな要因が感じ方に必ず影響を与えてしまう。過去の経験や知識に基づく好みなども影響を与える。つまり感性的な評価をするのが自然である。

　また，人によって感じ方が異なるが，従来の心理物理学では，特定の刺激はつねに特定の反応を引き起こすということを前提としているため，個人差は誤差としてできるだけ排除しようとし，個人差に向き合うことはできなかった。それに対し，感性を重視した評価方法では，個人差に向き合うことになる。

3.2.2　心理物理学的測定法に関する基礎概念

物理量で心理量を測ろうとする方法として代表的なものを紹介する。

(1) **名義尺度**　　分類のために名義上つける値である。性別の場合，例えば女性を1，男性を2というように，対象を分類するための名前としての意味しかもたない。名義尺度での値は質的データであり，頻度は求められるが，量的な計算はできない。

(2) **順序尺度**　　順序をつけることによって得られた値である。1番，2番や1位，2位などの順位による尺度であり，名義尺度同様，量的な計算を行うものではない。

(3) **間隔尺度**　　順序尺度の特徴にデータ間の間隔（距離）があるものである。順序尺度の場合は，1位と2位と3位で，1位と2位の差の1と2位と3位の差の1の意味は異なるが，10℃と20℃と30℃の間の差の10℃がもつ意味は同じである。平均や標準偏差を求めることができる。

(4) **弁別閾** 19世紀にフェヒナー（Gustov Theodor Fechner）が心理物理学を確立したとされるが，彼は，観察可能なものは，物理的属性を測ることができる刺激と，反応として表現された感覚の結果との関係だけである，とした。感覚に代表される心理学的事象は，直接ものさしで計ることはできないとし，**弁別閾**（differential threshold）に着目した。二つのビールを飲み比べて苦みの違いを比べられるように，人が感覚の違いを意識して弁別することができる最小の苦みの違いを，「弁別閾」としている。

(5) **マグニチュード推定法** 1950年中ごろ，スティーブンス（S.S. Stevens）によって考案された，物理量の直接的評価法を，心理物理学的測定法として利用する方法。二つの心理量の間の比率は，それらの物理量の間の比率に対応しており，この対応関係を「べき関数」とした。例えば，あるビールの苦みを10としたときに，他の各ビールの苦みはいくつになるかを，比例的に数値で表現する。倍と感じれば20とするが，基準となる値（この場合「10」）を**モデュラス**（modulus）という。このような方法を**マグニチュード推定法**と呼ぶ。例えば，苦みの値に相当するものはR，その物理量をSとすると，そのべき関数は，つぎの式(3.2)になる。

$$R = kS^n \quad (3.2)$$

ここで，kはこの尺度を決める単位としての定数であり，nはその物理的属性に依存して変化すべき指数で，**特性指数**と呼ばれる。電気のような刺激Sに対しては，生命に関わるため，nの値は大きくなり，わずかな変化に対しても過剰に反応することになるが，甘さに関しては大きな変化が起きないかぎり違いが感じられなかったりする。このようなべき関数に基づく尺度は**マグニチュード尺度**と呼ばれる。

スティーブンスによって提案された方法自体は，個人差を無視しており，個々の被験者のデータを見てみると必ずしもべき法則が成り立っていないこともあることが報告されるなど，さまざまな批判がある。

3.3 心理生理学的方法

3.3.1 心理生理学とは

心の動きに応じて,脳や身体に変化が生じる。そこで,生理的な変動から心の動きを推定しようとする**心理生理学的方法**が提案されている。近年のデバイスやコンピュータの発達により計測能力が向上している。病的な反応だけでなく,快・不快のような感性の測定に用いられるようになった。

この方法は,つぎのような利点がある。
(1) 客観的に測定でき,物理的に数量化できる。
(2) 反応を実時間で記録でき,心理活動を時間経過に沿って分析できる。
(3) 心理活動を脳や神経の機能と関連づけることができる。
(4) 意識されない刺激,明示されない刺激への反応も得られ,無意識の領域まで研究できる。
(5) 肉眼では観察できない反応まで測定できる。

生理指標として最も多く用いられるのは「電位変動」である。

中枢の変化としては,主に**脳波**(electroencephalogram,**EEG**)や**事象関連電位**(event-related potential,**ERP**)がある。その他,MEGやfMRI,PET,頭部の血流を測るNIRSなど高度な計測機器を使った測定もあるが,高価で,設置されている研究機関も限られており,感性の計測に関しては,日常の状態での計測が難しいという点がある。

末梢の変化としては,**心電位**(electromyography,**ECG**)による心拍変動,**筋電位**(electromyography,**EMG**),**眼球運動電位**(electrooculography,**EOG**)などが用いられることが多い。その他,トランスデューサ(変換器)を使って,血圧,末梢毛細血管運動,皮膚の電気活動などが計測される。

以下では,これらの測定法について,代表的なものをいくつか紹介する。

3.3.2 脳波による計測

脳波（EEG）は，ヒト・動物の脳から生じる電気活動を，頭皮上，蝶形骨底，鼓膜，脳表，脳深部などに置いた電極で記録したものである。脳波図と呼ぶべきとされるようなものであるが，一般的には「脳波」と簡略化して呼ばれる。脳波を測定，記録する装置を，**脳波計**（electroencephalograph，**EEG**）と呼び，それを用いた**脳波検査**（electroencephalography，**EEG**）は，医療での臨床検査として，医学，生理学，心理学，工学など幅広い領域で用いられている。

個々の神経細胞の発火を観察する単一細胞電極とは異なり，電極近傍あるいは遠隔部の神経細胞集団の電気活動の総和を観察する。

脳波の導出は，電極の配置位置，およびそれらの電極の組合せにより行われる。通常の検査や実験では，21個の電極を国際10-20法に従って配置することが多い。しかし研究目的などではもっと多数（60個など）の電極を配置したり，モニタリング目的などでは逆に数個のみの電極を使用することもある。

針電極の場合を除き基本的に侵襲性がないことや安価なことが長所であるが，導電率の異なる脳・硬膜・脳脊髄液・頭蓋骨・皮膚などを通して観察することによる空間分解能の低さ，高周波の活動の低減，頭皮との接触不良による雑音混入，筋電図の混入などの短所もある。

ほぼ全般的，持続的に出現し，脳波の大部分を形成する特定の脳波活動を**基礎律動**（背景脳波）という。基礎律動は，覚醒度，年齢，基礎律動が異常を示す病態などによる違いがある。

脳波のα波で快適性を測ろうとする試みがある。しかし，α波は，静的な快には関連しているが，動的な快とは必ずしも一致しないとされるため，α波の出現だけで快適性があると判断するのは危険である。α波は，正常時には，目を閉じて落ち着いた気持ちでいると，10人中8人以上に出現するといわれている。

3.3.3 事象関連電位による計測

事象関連電位（ERP）とは，視覚や聴覚などの感覚器を通して取得される外的刺激や，思考など内的認知活動の結果として，なんらかの形で計測される脳の反応である。

ERPも脳波によって計測される。頭蓋もしくは頭皮を通じて脳の電気的活動を計測する脳波によって計測できる。脳波には多くの同時進行中の脳活動が反映されるため，対象となる刺激や事象に対する脳の反応は，通常一施行の脳波記録だけでは現れてこない。刺激に対する脳の反応を見るためには（100回かそれ以上の回数）計測を繰り返し，得られたデータを加算平均しなければならない。これによって無関係な脳活動はランダムノイズとして除外され，目的のERPが残ることになる。視覚や聴覚は，刺激の開始が明瞭であるため研究しやすい。

いくつかのERP成分は別名の略語（例えば，early left anterior negativity, ELAN）で呼ばれるが，ほとんどの成分は極性を示す頭文字に，典型的な潜時（刺激が与えられてから反応の起こるまでの時間：latent time）のミリ秒を付けて呼ばれる。例えば，N400成分とは，刺激提示から約400ミリ秒後に発生する陰性の電圧変位を表しており，P600成分とは，刺激提示から600ミリ秒後の陽性の電圧変位を表している。このERP成分の呼び方に付いている潜時にはしばしばかなり幅がある。例えばN400成分は300〜500ミリ秒の潜時で現れる場合がある。一方，P300の反応は，提示された刺激の種類（視覚，触覚，聴覚，嗅覚，味覚，など）にかかわらず，300ミリ秒前後で発生する普遍性があるとされる。新規刺激に対してP300反応が一貫して出ることにより，それに依拠したブレインマシンインタフェースが構築可能である。

なお，事象関連電位の波形は，構えや意図の強さなどの動機づけとも関連するとされる。感性や認知の研究では，脳の1箇所ではなく，多くの部位の変化を計測し，脳の部位間の活動の差を見ることが大切である。

3.3.4 fMRIによる計測

fMRIは，MRI（核磁気共鳴）を利用して，人および動物の脳や脊髄の活動に関連した血流動態反応を視覚化する方法である。最近のニューロイメージングの中でも最も発達した手法の一つである。

神経細胞が活動するとき，局所毛細血管の赤血球中ヘモグロビンによって運ばれた酸素が消費される。また，酸素利用の局所の反応に伴い血流（血液量と血流量）増加が起きることが知られている。毛細血管内で酸素交換が起こり，酸化ヘモグロビンが酸素を組織に渡すことで，一時的に脱酸化ヘモグロビンが増加するとされる。さらに時間的に（1～5秒程度）遅延して脳血流が増加することで，酸化ヘモグロビンが増加し脱酸化ヘモグロビンが減少する。この反応は6～10秒程度で最大となる。

例えば，T2強調画像法で主に脳血流動態を測定する場合，計測原理は，形態画像によるMRIに血流変化による信号変化を統計処理したマップを重ねることで，脳活動を画像化している。T2強調画像法では，MRIのシーケンスを使用して，T2信号の差違を検出する。

しかし，実際に快・不快などの感性をfMRIで計測しようとする際に障壁となるのは，この計測方法自体が，被験者に不安や恐怖感など否定的な心理的バイアスを与えてしまう点である。fMRIは，元来，医療目的で開発されたものであり，病気による異常所見を検出することを重視した設計になっている。そのため，検査室や計測環境，磁気に影響を与えるものは持ち込めないなど計測時の厳しい制約条件などがあり，快・不快といった感じ方を検出するのには非常に困難である。圧迫感のあるトンネルに拘束され，工事現場にいるような騒音にさらされた状態で，長時間の実験を強いられることになる。健康な被験者を対象としていても，かなりの被験者は，潜在的にもっている閉所恐怖症の傾向が検査時に顕在化してパニックとなり，検査の中止を余儀なくされることもある。

その他の類似の検査方法として，ポジトロン断層撮像法（PET）では，大型装置のベッドの上に頭部を拘束され，腕の血管に注射針を刺されて放射性同位元素を注入される。非侵襲脳機能計測といっても，感性の計測を行うという目的においては，侵襲性が高いといっても過言ではないような過酷な実験である。

脳の微細な活動を調べる上で，fMRIなどの脳機能イメージング手法は有効でもあるが，視覚や聴覚など，さまざまな感覚からの情報，経験など，統合的な情報処理の結果，情動・感性が誘導されるとすると，それ自体が強い嫌悪感や不快感を誘導する計測方法の実施においては，かなりの注意が必要となる。

4 感性オノマトペ

3章で紹介した感性計測手法は，被験者からいかにして定量的なデータを取得するか，というものである．しかし，人はなにかを見たり，触ったりしたときに感じた質感などは，「つるっとした見た目が綺麗」，「さらさら手触りがいい」というように，一言のオノマトペ（擬音語・擬態語の総称）で直感的に表現することが多い．本章では，感性を表す際に直感的に用いられるオノマトペを，感性計測に活用する方法について解説する．

4.1 オノマトペによる感性計測手法

4.1.1 オノマトペとは

オノマトペの語源は古代ギリシア語の「オノマトポエイア」とされ，その原義は「語を創ること」，「名付け」であった．18世紀にライプツィヒの書籍商ツェードラーが出版した『学術・芸術大百科事典』には，「まだ名をもたない事物のために相応しい名を案出すること」と記述されている．19世紀半ばには，「響きの模倣，音の模写，自然の音や事物の音に似せて語を造ること」という記述が現れる．これは定義が大きく変化したのではなく，古代ギリシアにおいて「名付けること」の前提が事物の音声による模写だったためである．古くから物語の架空の登場人物に名前を付ける際に，その特性を表す音を使った名前が付けられてきた．例えば，1726年に出版されたSwiftのガリバー旅行記の中に登場する小人にはリリパット族（Liliputians），巨人にはブロブ族（Brobdingnagians）と名づけられている．確かにリリパットという音のほうが小さい感じで，ブロブという音のほうが大きい感じがする．

4. 感性オノマトペ

「対象の特性を表す音の響きで名前を付ける」といった原義をもつオノマトペであるが，日本語はオノマトペが豊富とされるにもかかわらず，意外にも「オノマトペ」という言葉は知られていない。昔は，「オノマトペ」ではなく，「擬音語・擬態語」という名称でだけ小学校低学年の国語の時間に学習されていたためかもしれない。

オノマトペ，そして擬音語・擬態語の分類は完全に統一されてはおらず，日本語の辞書や辞典では擬音語と擬態語の意味を区別せずに同一視しているものもあるが，研究者や文献によってその分類は異なる。例えば，金田一(1978)[11]の分類によると，外界の音を転写したことばを**擬音語**といい，そのうち特に動物の鳴き声や人の叫び声などによるものは**擬声語**としている。これらは外界の音を類似の音声で模倣する音声模写とは異なり，文字によって表記できる言葉である。また，音で直接表現できない様子や状態，心の動きなどを音によって象徴的に表すものを**擬態語**という。その中でも生物の状態を表すものを**擬容語**といい，人の心の状態を表すものを**擬情語**という。そして，これらを総称して**オノマトペ**（onomatopoeia）という。

ある一つのオノマトペが，これらの分類のどちらにも当てはまる場合がある。「どんどん」というオノマトペを例にとると，「ドアをどんどんと叩きつづける」といった例ではドアを叩くときの音声を表す「擬音語」となるが，「どんどん先に行ってしまう」といった例では，ためらわずに急いで進む様子を表す「擬態語」になる。こういった例は他にも，「ごろごろ」，「だらだら」，「さくさく」など数多く挙げることができるが，これは日本語のオノマトペでは，一つの語が複数の意味と用法をもつものが多いためである。

飛田・浅田（2002）の『現代擬音語擬態語用法辞典』[26]では，擬音語を定義するにあたり，外界の物音や人間・動物の声を表現する方法はいろいろあるが，具象的な現実から抽象的な言葉に至るまでには，五つの段階を踏んでいるとしている。1）類似の音・声で対象の音・声を模倣する，2）音・声による対象の音・声の表現，3）「映像」による対象の音・声の表現，4）文字による対象の音・声の表現，5）擬音語，の5段階である。また，飛田・浅田（2002）

4.1 オノマトペによる感性計測手法　53

は，擬態語の定義に関しても擬音語と同様の五つの段階があるとしている。これらの飛田・浅田（2002）の定義では，5段階のうち最終段階に属するもののみを擬音語・擬態語として採用している。この定義に従えば，擬音語と擬態語の区別は簡単にすむと思われる。しかし先ほどの「どんどん」の例でもわかるように，実際には，擬音語と擬態語の区別は簡単ではない。「雨がザーザー降っているよ」という発話において，話者が軒下にいれば，確かにザーザーで表現される現実音は聞こえてくるので，擬音語のようにとることができる。しかし一方，建物の中からガラス越しに見るときなどは，ザーザーという音は聞こえないと思うが，それでも話者は激しく降る雨の様子が見えれば，「ザーザー降っている」と表現するだろう。この場合，この「ザーザー」は雨が激しく降る様子を表す擬態語のようにとることができる。「ザーザー」がある場合には擬音語的に使われていたり，ある場合には擬態語的に使われていたりすることを考えると，ある表現が擬音語か擬態語か，辞書的にどちらかに定義することは難しいことがわかる。

　また，昔の使われ方から現代に至るまでの間に，もともとは擬音語だったものが擬態語に変化したりする。例えば，「さらめく」には，①「柳の長い枝などが，風に揺られて葉ずれの音がする」，②「人が肩で風を切って颯爽としている」，「人が世の中で時めく」，③「皮膚などに潤いがなくなって，かさかさする」という意味が見られる。まず①→②への意味拡張については，①の「葉ずれの音がする」という意味から，「柳の枝が風を受けている様子」へと拡張され，さらに比喩が加わり，②の「人が風を受けて颯爽と歩く様子」へと拡張されたと考えられる。そしてこの意味は，さらにメタファにより「時めく」という意味へと拡張され得る。①→③への意味拡張については，サラという葉ずれの音は反復形では滞りなく滑るような音であり，それは乾いたモノの表面でモノが滑る音である。この音から，乾いた皮膚に触れたときの「乾いているという感覚」，「潤いがない様子」が感覚経験の同期によって意味拡張され，現在のような手触りを表す「さらさら」といった擬態語としての用法が生まれたものとされる。つまり，ある一つの表現が，擬音語から擬態語へと時間と共に変

化していくため，ある時点で，擬音語なのか擬態語なのかを区別することも難しい。

なお，本書では，便宜的に擬音語か擬態語か区別して用いる場合は，金田一[11]の分類における「擬音語」と「擬声語」を総称して「擬音語」とし，「擬態語」と「擬容語」，「擬情語」を総称して「擬態語」とする。そして擬音語と擬態語の総称として「オノマトペ」と呼ぶ。

擬音語か擬態語かの区別の話をしてきたが，実は，オノマトペかそうでないか，どこまでをオノマトペとするか，の区別も難しく，しばしば研究者の間でも議論になる。日本語は五十音を組み合わせて新しいオノマトペを生み出すことができる言語で，「もふもふ」という新オノマトペは若者中心に生まれてから，広く使われるようになった例として有名である。英語の場合は，動詞の一部を切り取ってオノマトペをつくることは難しいが，日本語では，「さらめく」と「さらさら」の場合のように，動詞とその一部を使ったオノマトペが普通にある。「ぴかぴか」というオノマトペから「光る」という動詞ができたりもする。また，3章でも紹介するが，「さらさら」，「ふわふわ」など，オノマトペにはABABのような音の反復表現が多いせいか，ABAB型にすればたいていはオノマトペになる，と一般的に思われているようでもある。LINEでアドレス交換する際に端末同士を近づけて「振る」ことを「ふるふる」というが，これもオノマトペっぽくしている例と思われる。「振る」から派生したとされる「ふらふら」がオノマトペとみなされていることから，そのうち「ふるふる」もオノマトペになってしまうかもしれない。つまり，もともとはオノマトペではなかったものがオノマトペのようになっている「疑似オノマトペ」があり，なにがオノマトペで，なにがオノマトペではないのかは難しい問題である。

オノマトペとはなにか，ということについて，いろいろな問題を紹介したが，本書では，「対象の特性を表す音の響きで名前を付ける」という原義に着目し，音の響きと対象の特性や印象に結び付きが感じられるものをオノマトペとしてゆるく定義し，オノマトペかそうではないかを逐次明確には区別せずに紹介していきたい。

4.1.2 オノマトペの音に感覚が結び付く

近代言語学の父と呼ばれるスイスの言語学者ソシュール（Ferdinand de Saussure）は，1916年に，言語の音と意味の間の関係性は言語共同体ごとに恣意的・慣習的に決まっているだけで，必然的な結び付きはないとしている。プラトンが「クラチュロス（Cratylus）」で言及しているように，言語表現の中には，まさにオノマトペのように，音韻や形態と意味の間になんらかの関係性が見られる場合があるが，そのような言語表現は周辺的なものとされている。

ソシュールとほぼ同時代，音韻意味論（Phonosemantics）を唱えたドイツの言語学者フンボルト（Wilhelm von Humboldt）は，音と意味の関係性に関する理論的研究の契機となっている。1921年，デンマークの言語学者イェスペルセン（Otto Jespersen）の通時的変化を調べた研究では，例えば，マジャール語 kis, 英語 wee, tiny, slim, little のように，母音/i/は，「狭い，細い，弱い，薄い」といった意味と結び付くとしている。さらに，音韻と明暗の関係について，母音 [i] は明るさ（ドイツ語の"Licht"など）を表すのに対し，母音 [u] は暗さ（ドイツ語の"dunkel"など）を表すといった例が指摘されている。同時期の1929年に，英語の無意味語を構成する音韻から様態が連想される可能性について調査を行ったアメリカの言語学者サピア（Edward Sapir）は，無意味語である"mal"と"mil"にそれぞれ同一の「机」という意味を与え，被験者にどちらが大きい机であると感じるかを選択させ，母音/a/を含む"mal"のほうが大きいと感じるという結果を報告している。また，アメリカの言語学者ブルームフィールド（Leonard Bloomfield）は，1933の研究で，語頭音になんらかの意味が結び付きやすいと報告している。例えば，crash, crack（creak），crunch のように/kr/で始まる語は，noisy impact が表されるとし，scratch, scream のように/skr/で始まる語は，grating impact が表されるとしている。音象徴性着目した研究は欧米が盛んで，音声的聴覚的基盤による，いわゆる擬音語的な表現を**一次的オノマトペ**と呼び，運動やその他の特性の連想による，いわゆる擬態語的な表現を**二次的オノマトペ**とする指摘もある。また，語頭子音 gl- は光をプロトタイプ的意味とし，軽い運動まで派生す

るような多義性があるとする研究や，音と意味の関連性をもつ語頭子音を調べ，例えば slack, slalom, slant, slash, slight, slim, slip, slit, slither, slope, slot, slouch, slow, sluggish など，/s/ は下方移動などが表され，glamour, glare, glass, glaze, gleam, glimpse, glint, glisten, glitter, globe, glossy, glow など，/gl/ は明るさや光が表されるとする報告もある。

　これらの英語の表現と日本語のオノマトペの音との共通性も指摘されている[20]。例えば"glamour","glare","glass","glaze","gleam","glimpse","glint","glisten","glitter","glossy","glow","glimmer"における/gl/は，日本語の「ぎらぎら」/gila-gila/との共通性があるとされる。

　日本語オノマトペは，特定の音や音の組合せが語中の箇所によって特有の音と意味の結び付きがあり，日本語オノマトペでは音と意味の関係性が体系的であるとされる（Hamano, 1998)[35]。**表 4.1** は，Hamano (1998) にまとめられているオノマトペの構成音とその意味の関係に基づいたものである。なお，**モーラ**とは日本語でいう「拍」に当たり，例えば「がちゃ」というオノマトペでは「が」が第1モーラ，「ちゃ」が第2モーラに該当する。このような音韻とイメージの結び付きは，前述の英語などの音に結び付く感覚的意味と共通性も見られ，次節で紹介する心理学での実験で示される音と間隔の結び付きの普遍的傾向と，一貫性が見られる。

　さらに，日本語には，オノマトペ表現に特徴的な「形」があるとされる[21]。そして，その形は一見多様に見えるが，基本形としては1モーラのものないし2モーラのものにまとめることができる。例えば，1モーラを基本形にもつものとしては，ふ（と），さっ，ふっ，はっ，ほっ，ぺっ，ぱっ，きゅっ，ばん，ぽん，ちょん，かん，こん，わん，にゃん，がー，ぐー，かー，きゃー，ぎゅー，さー，ざー，ばーっ，ふーっ，かーっ，さーっ，すーっ，ばーん，がーん，ごーん，きゅーん，かーん，くっくっ，きゃっきゃっ，しゅっしゅっ，ばんばん，ぽんぽん，かんかん，ぱんぱん，がーがー，ぎゃーぎゃー，かーかー，などが挙げられている。また，2モーラを基本形にもつものとしては，がば，ぐい，はた，ひし，ひた，ぴた，ぷい，ばたっ，ばさっ，

4.1 オノマトペによる感性計測手法

表 4.1 オノマトペの音と意味の結び付き（Hamano（1998）[35]を参考に）

1モーラの語基をもつオノマトペ	
母音	
/i/	線, 一直線に延びたもの, 光（光線）
/a/	平らさ, 広がり, 大きい表面, 派手さ
/o/	丸いもの, 小さな出来事, 小さい部分
/u/	小さい丸い穴, 突き出し
/e/	下品さ, 不適切な動作
子音	
/p//b/	ぴんと張ったもの, 水しぶき, 表面, 突然性, 力強さ
/t//d/	表面の張りがない状態, 打撃（木材, 床, 地面）
/h/	やわらかさ, 不確定, たよりなさ, 弱さ, 繊細な優雅さ
/n/	粘り気, 不快, いやらしさ, 動きののろさ, ゆるやかさ
/k//g/	金属のような硬い表面との接触
/s/	水しぶき, なめらかさ, ゆったりとした動き, 静けさ・穏やかさ, 流れる液体, こぎれいさ, 冷静さ, 摩擦, 爽快さ
/z/	水しぶき, なめらかさ, ゆったりとした動き, 静けさ・穏やかさ, 流れる液体, こぎれいさ, 冷静さ, 摩擦, 爽快さ
/j/	水しぶき, なめらかさ, ゆったりとした動き, 静けさ・穏やかさ, 流れる液体, こぎれいさ, 冷静さ, 摩擦, 爽快さ
/m/	肥満, はっきりしない状態, 落ち着き・理性のなさ
/y/	ゆったりした動き, あてにならない動き
/w/	動物や人間の発する音, 感情の大きな動き

ぽとっ, ぐさっ, ころっ, ばたり, ばさり, ぽとり, ぐさり, ころり, ばたん, ぽとん, どきん, ごろん, こつん, ばっさり, にっこり, がっくり, ぐったり, ぼんやり, ふんわり, こんがり, にんまり, ばさばさ, ばたばた, ころころ, きらきら, がさごそ, がたごと, どたばた, むしゃくしゃ, ぺちゃくちゃ, ちらほら, ちやほや, どぎまぎ, ぶつくさ, ちょこまか, そそくさ, すたこら, ばたりばたり, ぽとりぽとり, ばたんばたん, ぽとんぽとん, どきんどきん, がたんごとん, からんころん, どたんばたん, がたりごとり, ちらりほらり, のらりくらり, などが挙げられている。

さらに, 日本語オノマトペは1モーラまたは2モーラの基本形をもちながらも, 単に1モーラや2モーラのみで構成されるオノマトペは現代日本語ではま

れであり，そこに促音・撥音・「り」・母音の長音化・反復のいずれかが加わることが一般的であるとされる[21]。これらは**オノマトペ標識**（onomatopoeic marker）と呼ばれ，それぞれがオノマトペに以下のような特有の意味を与えるとされる。

(1) 「り」　　　　　　ゆったりした動き，動作の完了
(2) 促音（語末）　　　瞬時性，スピード感，急に終わる様子
　　促音（語中）　　　強調
(3) 撥音（語末）　　　共鳴（擬音的なニュアンス）
　　撥音（語中）　　　（強調）
(4) 母音の長音化　　　長い音，強調
(5) 反復　　　　　　　音や動作の継続・繰り返し

このようにして，日本語のオノマトペは，音や形態の組合せで豊かなイメージを表現できる。

4.1.3　オノマトペによる感性計測手法の強み

これまでの人の感覚触り心地の定量評価に関する研究では，3章で紹介したSD法が最も多く用いられている。SD法は，3章でも述べたとおり，アメリカの心理学者オズグッドらが1957年に考案した，概念や対象のもつ感情・情緒的反応を定量的に評価するための手法である。**意味微分法**とも呼ばれる。「かたい―やわらかい」など対立する形容詞対で構成された多数の評価項目を用いて，対象の印象を5段階ないし7段階の尺度上に評定する。SD法は人の感覚・感性の定量化手法として，国内外のさまざまな分野で広く用いられてきた。

しかし，この測定法については従来からいくつかの問題が指摘されてきた。

まず，実験者側，調査者側にとって難しい点は，限られた数の概念や形容詞対からできるだけ多くの情報を得るために，どのような形容詞対をいくつ設定すればよいかがわからないということである。そこでオズグッドらは，人の基本的な心理測定に用いるのに適した形容詞対を取り出すための基礎研究を行

い，「よい―悪い」，「好き―嫌い」などのような評価 **evaluation**，「積極的―消極的」，「重い―軽い」といった力量 **potency**，そして「活発な―不活発な」，「興奮しやすい―冷静な」といった活動性 **activity** の三つが特に重要であるとしている。それでもやはり多くの心理学研究では，多数の形容詞対を用いた評価を被験者に求め，その結果について因子分析，主成分分析といった統計的な分析で少数の重要な尺度を抽出する，といった分析がとられてきた。学術的な研究では，専門的観点から，ある程度絞られた項目で被験者への評価を求めていることが多いが，産業界では，できるだけたくさんの顧客の評価を知りたいという思いからか，あまりにもたくさんの項目を設定する傾向があるように思われる。なぜなら，形容詞対の項目で回答を求めたこと以上のことは，いくら分析してもわからなくなってしまうため，できるだけたくさんの項目による回答がほしいからである。

　回答項目の多さは，被験者側の負担を強いるという問題を生む。例えば一つのクリームについて，「伸びの軽さ」，「なじみの早さ」，「なめらかさ」，「あぶらっぽさ」，「みずみずしさ」，「膜厚感」，「べたつき」など項目ごとに7段階などで回答を求められても，私たちは，日常触れるさまざまなものの質感をこのような評価項目ごとに分析的に感じているのではない。「最近いいお化粧水見つけたの」，「どんなお化粧水？」，「みずみずしさが7で，なじみの早さが6で，あぶらっぽさは1で…」などということはまずないだろう。「さらさらしっとりして気持ちいいの」といった，一言のオノマトペで，短く直感的に表現することが多いと思われる。

　本書では，このようなオノマトペを用いた新しい感性評価方法について詳しく紹介する。被験者は，たった一言のオノマトペを回答すればすむ。しかし，オノマトペを回答してもらうという方法は，これまであまり用いられてこなかった。理由としては，一言のオノマトペが得られても，多数の形容詞による回答と比べて，情報量が少ないと考えられてきたためである。

　そこで，筆者の研究室では，オノマトペと形容詞のどちらがより感覚を微細に表現できるかを比較する研究を行ってみた。例えば，被験者に素材に触れて

もらい，オノマトペと形容詞それぞれで手触りを回答してもらう実験を行っている[17]。

男女30人に，**図4.1**のように，穴のあいた箱に手を入れてもらい，視覚を遮断した状態で，利き手の人差し指の腹で素材の表面を"なぞる"と"押す"という二つの動作で触れてもらった。

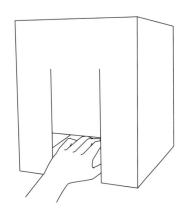

図4.1 触覚実験の様子

オノマトペや形容詞で回答してもらった後，触り心地の「快・不快」を7段階で評価してもらった。

素材40種に対し，30人の被験者が触り心地を表現したオノマトペと形容詞の種類を比較してみた。被験者が表現したオノマトペは延べ1 191語であり，279種類の表現が見られた。形容詞は延べ1 101語であり，124種類の表現が見られた。得られたオノマトペの種類数と形容詞の種類数を比較するため，比率の差の検定を行ったところ，有意にオノマトペの種類のほうが多いという結果が得られた。

各被験者が40素材に対して想起したオノマトペの個数は平均21.73個であったのに対し，形容詞は15.57個であった。この平均個数について統計的な検定を行ったところ，有意差が見られた。つまり，被験者個人が，素材ごとの触覚の違いを，形容詞でよりもオノマトペを用いたほうが多様に表現できることがわかった。

つぎに，素材ごとに一番多かったオノマトペおよび形容詞を，その素材を代表する表現として選んだものとしてまとめた．一部を**表4.2**に例示する．各素材の代表オノマトペは20種類，代表形容詞は12種類であった．代表オノマトペと代表形容詞の種類に差があるか調べたところ，有意差は見られなかったものの，オノマトペのほうが使用された種類が多く，オノマトペは形容詞より

表4.2 素材から回答された代表的なオノマトペと形容詞抜粋

No.	オノマトペ	形容詞	No.	オノマトペ	形容詞
1	さらさら	軟らかい	25	ぬめぬめ	粘っこい
2	ざらざら	硬い		べとべと	
3	つぶつぶ	硬い	26	ふわふわ	軟らかい
4	つるつる	硬い	27	ふわふわ	軟らかい
5	ざらざら	硬い	28	ふわふわ	軟らかい
6	つるつる	硬い	29	さらさら	軟らかい
7	びょんびょん	弾力のある	30	さらさら	弾力のある
8	べたべた	粘つく	31	ざらざら	薄い
9	べたべた	粘つく			硬い
10	ぺたぺた	粘りがある			ざらついた
11	つるつる	弾力のある			滑らない
		なめらか	32	さらさら	なめらかな
12	ざらざら	凸凹な	33	さらさら	硬い
13	ごつごつ	硬い	34	ざらざら	硬い
14	さらさら	弾力のある	35	ざらざら	硬い
15	つるつる	なめらかな			丸い
16	さらさら	なめらかな	36	ころころ	硬い
17	ざらざら	軟らかい	37	つるつる	硬い
18	ざらざら	軟らかい	38	しとしと	冷たい
19	ざらざら	軟らかい		びちゃびちゃ	
20	ざらざら	硬い		ひんやり	
21	ぼこぼこ	凹凸のある		ぷにゅぷにゅ	
22	ざらざら	痛い		ふわふわ	
		軟らかい	39	ぷるぷる	冷たい
23	ちくちく	痛い	40	ぷるぷる	丸い
		凹凸のある			軟らかい
24	ふにふに	軟らかい			

も素材の微細な違いを評価できる，という可能性が見られた．

4.2 オノマトペの音に感性が結び付く

4.2.1 オノマトペの音に味・食感が結び付く

　味そのものはオノマトペでは表せないといわれていた．甘さそのものを表すオノマトペはなにかと考えてみても，確かに思いつかない．しかし，食べ歩きの番組で，実際には食べていない視聴者に，どのような食べ物なのかを伝えようとするとき，「噛(か)むとカリッとして，サクサクしてるんですが，中はトロ〜っとして，肉汁がジュワーッと広がっておいしいです」と，オノマトペをたくさん使って表現していたりする．レストランのメニューに，「ふわとろオムレツ」と書かれていると，おいしそうに感じて，つい食べてみたくなったりする．

　同じものを食べたり飲んだりしても，人によって感じ方が違う．おいしいと思う人もいれば，おいしくないと思う人もいる．そのような感じ方の違いが，その食べ物や飲み物について表現するオノマトペに表れるのであろうか．そのようなことを調べるための実験を2004年の秋に研究室で実施した．

　用意した商品は，炭酸飲料，コーヒー，チョコレートの三つの商品カテゴリーからそれぞれ3品目ずつ，計9品目であった．各カテゴリー内で，味の評価に違いがありそうな商品を選ぶようにした．例えば，コーヒーの場合，無糖ブラック，加糖ブラック，カフェオレを用意した．

　38名の被験者に，用意した全9種類の飲料，食品を試飲，試食してもらい，その味や印象について，自由にオノマトペで表現してもらうとともに，おいしさの評価を5段階（5. とてもおいしい　4. おいしい　3. ふつう　2. おいしくない　1. まずい）で評価してもらった．

　被験者が回答したオノマトペを調べてみて最初にわかったことは，「さくさくしておいしい」，「ぬるぬるしておいしくない」というように，「食感・舌触り」に関連するオノマトペの回答数が，炭酸飲料，コーヒー，チョコレートで

4.2 オノマトペの音に感性が結び付く

それぞれ，89.5%，78.9%，98.2%となり最も多かった。つまり，味を表現する際，「食感・舌触り」のオノマトペを使用する人が多いということがわかった。「食感・舌触り」とは，口の中の触覚であるといった指摘が先行研究で指摘されていたが，実際，味覚そのものを表すオノマトペというよりも，触覚的なオノマトペが豊富に使われていることがわかった。

　さらに，この実験結果の解析で初めて，その後の研究室でのオノマトペ実験で頻繁に用いるようになった「オノマトペを音韻に分解して解析する」という方法を用いた。方法の詳細は後述するが，ここでは，おいしいと感じた人とおいしくないと感じた人との間で，使用比率に10%以上の差があった音韻をいくつか紹介する。

(1) **炭酸飲料**　/u/の音は，おいしいと回答した人の使用比率が50%であったのに対し，おいしくないと回答した人の使用比率33%であり，おいしいと回答した人の使用頻度のほうが高かった。おいしいと回答した人は炭酸の泡がはじける様子を表現していたものと思われた。/s//z//j/は，「なめらかさ，爽快さ」という意味があるとされるが，/s//z//j/の使用比率は，おいしいと回答した人で48%，おいしくないと回答した人で13%であり，おいしいと回答した人の使用頻度が高かった。/h/は，「やわらかさ」という意味があるとされるが，おいしいと回答した人の使用比率が17%，おいしくないと回答した人の使用比率は3%であり，やわらかい味，優しい味を感じて使用したのではないかと思われた。炭酸飲料をおいしくないと感じた人が使用する傾向があった音としては，/r/の使用比率が，おいしいと回答した人の使用比率が13%であったのに対し，おいしくないと回答した人の使用比率は27%であり，おいしくないと回答した人の使用頻度が高かった。「どろっ」，「ぬるぬる」といったオノマトペが見られたことから，炭酸飲料の糖分の高さを不快に感じたのではないかと推察された。濁点の使用比率も，おいしいと回答した人の使用比率7%に対し，おいしくないと回答した人の使用比率30%で，おいしくないと回答した人ほど多く使用していた。「びりびり」，「じんじ

ん」など，濁点は舌へのより強い炭酸の刺激を感じ，それを表現したものと考えられる。

(2) **コーヒー**　炭酸飲料同様，/u/はおいしいと回答した人の使用頻度が高かった。また，/h/や/w/といった，「やわらかさ」が表される音の使用比率も，おいしいと回答した人の使用頻度が高かった。一方，従来研究で「下品」な印象と結び付くとされている/e/比率は，おいしいと回答した人の使用比率が2%だったのに対し，おいしくないと回答した人の使用比率は14%で，おいしくないと回答した人の使用頻度が高かった。また，濁点も，炭酸飲料の場合と同様，おいしいと回答した人の使用比率22%に対し，おいしくないと回答した人の使用比率が45%で，おいしくないと回答した人ほど多く使用していた。おいしくないと感じた人は，コーヒーの重たさを不快に感じ，それを濁点で表現していたのではないかと思われる。

(3) **チョコレート**　炭酸飲料とコーヒー同様，/h/と/w/の使用比率が，おいしいと回答した人で高かった。さらに，チョコレートでは，/k/も，おいしいと回答した人の使用比率が23%，おいしくないと回答した人の使用比率が4%で，おいしいと回答した人の使用頻度が高かった。「さくさく」，「ぱきっ」といったチョコレートの歯応えに関したオノマトペの使用が多かった。一方，「粘り気のある，不快な」というイメージと結び付くとされる/n/の使用比率は，おいしいと回答した人の使用比率が5%なのに対し，おいしくないと回答した人の使用比率は21%であり，おいしくないと回答した人の使用頻度が高かった。「ぬるぬる」，「ねちょねちょ」というように，チョコレートが溶けて口の中でまとわりつくような感じを不快と感じたのかもしれない。

このように，同じものを食べたり飲んだりしても，おいしいと感じた人とおいしくないと感じた人の間で，オノマトペの特徴に違いが見られた。触覚（食感・舌触り）に関するオノマトペで味覚経験を表す傾向があること，さらに，おいしいという評価（評価5と4），ふつう（評価3），おいしくない（評価1

4.2 オノマトペの音に感性が結び付く

と2）と回答した人それぞれから得られたオノマトペ全体の数を比較したところ，おいしいと思った人ほど，味を伝える際にオノマトペ表現が出やすかった。おいしさを伝える際にオノマトペで表現することは有効なのかもしれない。

食べたり飲んだりしたものからオノマトペを回答してもらう実験に成功したことから，味を直観的に表す際にオノマトペを自発的に用いることができる日本人の特長を生かし，オノマトペを構成する音に着目した精緻な味の官能評価実験ができると考えた。そこで，2009年から連携を開始したNTTコミュニケーション科学基礎研究所の渡邊淳司氏と共に，おいしさやテクスチャを制御しやすい飲料を選び，おいしい飲み物とおいしくない飲み物を人為的に作成し，被験者に試飲してもらい，オノマトペで回答してもらう実験を実施した[37]。

重要なのは実験刺激の準備である。市販飲料はおいしい飲み物であることを想定し，これになんらかの調味料を入れることでおいしくない飲み物をつくることにした。また，人は，味そのものではなく口触りやのど越しといった触覚的な特徴，つまりテクスチャをオノマトペで表現する，ということも先行研究や2004年の実験で示唆されていたことから，テクスチャを変えることで，実際にテクスチャの違いがオノマトペの音に反映されるのかもより詳しく調べることにした。そこで，市販飲料に同じ量だけ水もしくは炭酸水を混ぜることでテクスチャを変化させた飲み物もつくることにした。

市販飲料は食品衛生法に基づく飲料の分類の中から，異なるカテゴリーに属するものから選び，コーラ，コーヒー，牛乳，緑茶，野菜ジュース，スポーツドリンクの6種類を用いることにした。これらがおいしい飲み物とすると，これらをおいしくない飲み物に変化させるために，酢・醤油・塩・レモン汁・タバスコを混ぜて，元の飲料の味がわかり，かつおいしくない味に変化させられるものを予備実験で選んだ。その結果，醤油を入れると，元の飲料が不快に変化することが確認された。分量は，市販飲料50 mlに対して5 mlの醤油を加えることとした。また，市販飲料と水または炭酸水を1：1の割合で混ぜ合

表 4.3 実験刺激

No.	実験刺激飲料	配合比
1	コーラ	
2	コーヒー	
3	牛乳	
4	緑茶	
5	野菜ジュース	
6	スポーツドリンク	
7	コーラ+醤油	
8	コーヒー+醤油	
9	牛乳+醤油	市販飲料 100 ml に対して 醤油 10 ml
10	緑茶+醤油	
11	野菜ジュース+醤油	
12	スポーツドリンク+醤油	
13	コーラ+水	
14	コーヒー+水	
15	牛乳+水	市販飲料 100 ml に対して 水 100 ml
16	緑茶+水	
17	野菜ジュース+水	
18	スポーツドリンク+水	
19	コーラ+炭酸水	
20	コーヒー+炭酸水	
21	牛乳+炭酸水	市販飲料 100 ml に対して 炭酸水 100 ml
22	緑茶+炭酸水	
23	野菜ジュース+炭酸水	
24	スポーツドリンク+炭酸水	

わせることとした。実験刺激は**表 4.3**のとおりである。

　実験では，試飲した実験刺激飲料の味や食感を，オノマトペで回答してもらうだけでなく，形容詞の評価尺度でも被験者に評価してもらう。そこで，飲料の味や食感の評価に用いる形容詞の選定を行った。形容詞は食感を評価するものと味を評価するものの2種類を用意した。「苦い」，「しょっぱい」，「酸っぱい」，「まずい―おいしい」という味の評価尺度，「とろみがある」，「はじける感じがする」，「口触りが悪い―よい」，「のど越しが悪い―よい」，「辛い」とい

うテクスチャの評価尺度を形容詞対にして，−3から+3の7段階SD尺度で評価してもらうことにした．

20名の被験者に，各実験刺激飲料を試飲してもらい，試飲した際に想起されるオノマトペと，味・食感に関する評価尺度について回答してもらった．被験者には計24種類の実験刺激飲料を試飲してもらった．

炭酸飲料を実験刺激に用いるため，実験刺激とする飲料をつくり置きすると被験者ごとに炭酸の強さが変わる恐れがある．そのため，実験で用いる実験刺激飲料は原則として試飲直前に調合することとした．調合した実験刺激飲料は紙コップに30 ml程度入れて被験者に提供した．

被験者には目隠しをした状態でイスに座ってもらい，実験刺激飲料を一つずつ試飲してもらった．実験刺激一つ当りの試飲量は，飲料の味・食感・喉ごしを評価できる程度の量として，大匙1杯ほど試飲してもらった．

飲料を飲んだ際に想起したオノマトペを被験者に回答してもらった．オノマトペの回答個数に制限はなく，思いつくかぎり回答してもらった．さらに，味・食感評価尺度の各項目についてSD尺度で回答してもらった．

音と形容詞対による評価値の関係性について分析を行った．口触り，喉ごし，快・不快の三つの評価尺度では，結び付きのある音素に類似性が見られることがわかった．これら三つの評価尺度では子音/s/，/sy/はよい評価と結び付き，子音/g/，/b/，/d/はよくない評価に結び付くといった傾向が見られた．音全体を見てみると，清音は正の評価と結び付きやすく，濁音は逆に負の評価と結び付きやすいこともわかった．これらのことから口触りと喉ごしは快・不快の評価に大きく関わっているということが予測できる．はじけ感の評価尺度では，子音/sy/，/p/，/zy/，母音/u/で「はじけ感がある」と関連が見られ，子音/sy/，/zy/は母音/u/と共に，子音/p/は母音/a/，/i/と共に用いられることが多かった．はじけ感がある飲料では，「シュワシュワ」，「パチパチ」，「ジュワジュワ」といった泡の食感やはじける様子を表すオノマトペが頻繁に用いられたためだと考えられ，はじけ感と音素の関係はある程度予測できる結果となった．

とろみの評価尺度では子音/n/，/d/，/m/，母音/e/，/o/に「とろみがある」との関連が見られ，子音/s/，/sy/，母音/i/に「とろみがない」との関連が見られた。また，とろみがある飲料では「ドロドロ」，「モッタリ」といった粘性を表現するオノマトペが多く用いられたことから，子音/d/，/m/と「とろみがある」に結び付きが見られたと考えられる。一方，とろみのない飲料では「サラサラ」，「スルスル」といった液体の流れを表現するオノマトペが多く用いられたことから，子音/s/と「とろみがない」に結び付きが見られたと考えられる。また，とろみの評価尺度と喉ごしの評価尺度を比較したところ，「とろみがある」と結び付きが見られた音素は「喉ごしが悪い」と結び付きが見られ，逆に「とろみがない」と結び付きが見られた音素は「喉ごしがよい」と結び付きがあることがわかった。このことから，とろみの有無が喉ごしに影響を与えていると推測できる。

味に関する尺度（甘さ・苦さ・酸っぱさ・しょっぱさ）については，一言で説明できるような傾向が見られなかったが，各音が用いられたときの形容詞評

表4.4 オノマトペの音と味・食感の結び付き

クラスタ1	クラスタ2	クラスタ3	味覚カテゴリー
/s/ /h/ /a/ /t/ /u/ /sh/ /p/ /zy/	/s/ /h/ /a/ /t/ /u/	/s/ /h/ /a/	とろみがない，はじけ感がない，滑らかな，喉ごしがよい，おいしい
		/t/ /u/	はじけ感がある
	/sy/ /p/ /zy/	/sy/	甘い，はじけ感がある，滑らかな，喉ごしがよい，おいしい
		/p/ /zy/	甘い，辛い，はじけ感がある，滑らかな
/g/ /b/ /z/ /i/ /n/ /e/ /d/ /m/ /o/ 子音なし	/g/ /b/ /z/ /i/ 子音なし	/g/ /b/ 子音なし	しょっぱい，辛い，粗い，喉ごしが悪い，まずい
		/z/ /i/	苦い，酸っぱい，しょっぱい，辛くない，とろみがない，喉ごしが悪い，まずい
	/n/ /e/ /d/ /m/ /o/	/n/ /e/	苦い，酸っぱい，しょっぱい，辛い，とろみがある，はじけ感がない，粗い，喉ごしが悪い
		/d/ /m/ /o/	酸っぱい，しょっぱい，とろみがある，はじけ感がない，粗い，喉ごしが悪い，まずい

価値のデータを用いてクラスタ分析を行ってみたところ,テクスチャと味が相互に関係し合いながらおいしさの感覚が形成されていることや,味覚カテゴリーの構造までわかる。結果を**表 4.4** に示す。

4.2.2　オノマトペの音に手触りの印象が結び付く

触覚は,環境にある物体の性質を把握する感覚受容器であるだけでなく,感情をつかさどる脳部位へつながる神経線維に物理的に作用し,快・不快といった感性に直接的に影響を及ぼしているとされる。「すべすべして気持ちいい」とか「べたべたして気持ち悪い」というように,視覚や味覚と比べても,とりわけ触覚はオノマトペで表されることが多い。世界的に見ても,アフリカの言語やインドネシアの言語などでも,手触りを表すオノマトペが非常に多いことと,触覚が感性に直結した感覚とされることは関係が深いと思われる。そこで,味覚の実験と同様の方法で手触りの印象がオノマトペの音に反映されるかどうかを調べる実験を行った。以下は,文献 33)〔渡邊淳司,加納有梨紗,清水祐一郎,坂本真樹:触感覚の快・不快とその手触りを表象するオノマトペの音韻の関係性,日本バーチャルリアリティ学会論文誌,**16**(3),pp. 367-370 (2011)〕に基づいて解説をする。

被験者は,触覚に異常がなく,触覚の特殊技能をもたない 20 代 30 名(男女各 15 名)であった。実験素材は,再現性があり,指先との接触で磨耗しない,布,紙,金属,樹脂などを 50 素材選定した(**表 4.5**)。

素材の選択では,50 素材に対する快と不快の回答がおよそ半数になることを予備実験によって確かめた。それぞれの素材は,7 cm×7 cm の試片に切断して使用した。被験者が触素材に触れる際は,素材が見えないように,8 cm×10 cm の穴のあいた箱の前に座り,それに手を入れて触素材に触れた。素材の触り方は,素材をつかんだり強く押したりせずに,素材の表面を軽くなぞるように指示した。

実験は 50 素材の触感をオノマトペで表すセッションと,50 素材に快・不快の感性評価を行うセッションの二つのセッションに分けられ,オノマトペで表

4. 感性オノマトペ

表 4.5 実験刺激素材

No.	素材	No.	素材
1	発泡スチロール	26	皮 1
2	硬質発泡スチロール板	27	皮 2
3	網状ステンレス 1	28	コットン生地
4	網状ステンレス 2	29	ジーンズ生地
5	アルミ板	30	両面テープ 1
6	ガラスタイル	31	両面テープ 2
7	サンディングペーパー 80	32	シープボア
8	サンディングペーパー 240	33	ムートン
9	サンディングペーパー 600	34	ロワール
10	ウレタンフォーム	35	へちまテクスチャ
11	ソフトボード	36	人工芝生
12	アクリル板	37	水蛇皮
13	プレーンゴム	38	タワシ
14	飴ゴム	39	ジェル
15	シリコンゴム	40	アルミホイル
16	衝撃吸収スポンジ	41	ラップ
17	滑り止めゴム	42	黒板
18	石 1	43	石 2
19	上質紙	44	石 3
20	光沢紙	45	土
21	和紙	46	皿
22	ダンボール	47	丸太（表面）
23	ダンボール（側面）	48	チョーク
24	バルサ材	49	マジックテープ表
25	スウェード裏	50	マジックテープ裏

すセッション終了後に快・不快の評価を行うセッションを行った。これは，始めのセッションで50素材の触感すべてを体験した後に，快・不快の判断を行うことで，個人内での快・不快の評価範囲が適切に設定されると考えたためである。

セッションでは，実験者が素材箱に素材を一つ入れ，被験者の回答の後，別の素材に入れ替えた。素材の提示順序は素材番号順であった。オノマトペで表

4.2 オノマトペの音に感性が結び付く

すセッションでは，素材を指で触りながら，その素材の触感を表すオノマトペを思いつくかぎり口頭で回答した．回答のモーラ数は限定しなかった．回答時間は30秒間で，オノマトペが思いつかない場合は「回答なし」とした．快・不快評価のセッションでは7段階（非常に快：+3, 快：+2, やや快：+1, どちらともいえない：0, 不快も同じく-1から-3までの3段階）で30秒以内に評価してもらった．

実験により，1 500通り（50素材×30人）のオノマトペと快・不快評価値の組合せが得られた．触素材をオノマトペで表すセッションで回答されたオノマトペの数は，平均1.24個（分散0.69）で，触素材ごとに統計的な有意差はなかった（$F(49, 1\,421) = 1.551$, $p = $ n.s. by one-way repeated measures ANOVA）．また，最初に回答されたオノマトペのうち84.5%（1 268通り）は，2モーラ音が繰り返される形式（「さらさら」など）であった．

快・不快評価のセッションで得られた評価値すべての平均は0.378（分散1.504）であり，実験全体を通じて，やや快が多く回答されたものの，快・不快どちらかに大きく偏るものではなかった．触素材の間では，評価値に統計的な有意差が生じ（$F(49, 1\,421) = 21.423$, $p < .001$），触素材ごとの感性評価には差があることが確認された．

つぎに，快・不快の評価とオノマトペの音韻の関係について，前述の2モーラ繰り返し型オノマトペ1 268語を対象に分析を行った．特に，感覚イメージと関連が強い第1モーラ母音と第1モーラ子音について，その音素を使用して表された素材の評価値が，1 268語の評価値の平均（0.375）と統計的に差があるか分析した（**表 4.6**）．

母音では/u/のみが快（評価値が正）と有意に結び付いた．/i/と/e/は使用数が少ないが，有意に不快と結び付く母音であった（/o/と/a/は次段落参照）．子音では/h/, /s/, /m/が有意に快と結び付き，/z/, /sy/, /j/, /g/, /b/は有意に不快と結び付いた．

つぎに，第1モーラの母音と子音を組み合わせて1音節として扱い，その音節の評価値に対して同様の分析を行った（/s/と/a/をそれぞれ分析するのでは

表 4.6 音ごとの平均評価値

	数	評価値		数	評価値
/u/	402	1.07**	/h/	82	1.43**
/o/	148	0.24	/tw/	6	1.33
/a/	579	0.18**	/母音 i/	4	1.25
/i/	42	−0.38**	/s/	246	1.02**
/e/	97	−0.76**	/m/	39	0.97*
			/w/	7	0.86
			/t/	245	0.79**
			/k/	44	0.05
			/d/	2	0.00
			/y/	4	0.00
			/p/	50	−0.02
			/z/	293	−0.10**
			/n/	20	−0.20
			/sy/	28	−0.21*
			/j/	47	−0.38**
			/g/	77	−0.43**
			/b/	72	−0.71**
			/ky/	2	−1.00

評価値の平均（0.375）と有意差があるものに * が示されている。
*：$p<0.05$，**：$p<0.01$ （両側 t 検定[†]）

なく，/sa/として分析）。その結果が有意であったものを表 4.6 に示す。母音/u/は，どの子音でも有意に快の判断と結び付いた（/h/：「ふわふわ」など，/s/：「すべすべ」など，/p/：「ぷるぷる」など，/t/：「つるつる」など）。逆に，/i/と/e/は，どの子音でも不快と結び付いた。/i/は子音/t/（「ちくちく」など）と，/e/は子音/p/（「ぺちゃぺちゃ」など），/n/（「ねばねば」など），/b/（「べたべた」など）と主に組み合わせて使用された。子音/h/，/s/，/m/は母音によらず快と結び付き，逆に，子音/z/，/g/，/n/，/sy/，/j/，/b/は母音によらず不快と結び付いた。また，母音/a/と/o/，子音/p/と/t/は，組み合わされる子音または母音によって評価値が変化し，音素としての触感覚の快・不快との結び付きは弱いと考えられる。

[†] 平均値の差に統計的な有意性があるかについての検定を，両側で行うこと。

なお，オノマトペの音に反映される手触りの快・不快傾向と，味覚の快・不快傾向で一致したのは，/u/が快，/i/，/e/が不快，/h/，/s/が快，/n/，/z/，/j/，/g/，/b/が不快と，両者には驚くほど共通性が見られることがわかった。

4.3 オノマトペによる感性の定量化

4.3.1 オノマトペ感性評価システム

オノマトペ自体は定性的なものであり，感性評価実験でオノマトペを取得しても定量的に扱うことが難しいため，SD評定法であらかじめ数量化されたデータとして取得する方法のほうが，実験者側にとっては有利である。しかし，被験者にとっては，知覚を分析的に評価して回答しなければならないという負担などの課題がある。そこで，オノマトペを定量化するシステムを開発した。以下では，文献19)〔清水祐一郎，土斐崎龍一，坂本真樹：オノマトペごとの微細な印象を推定するシステム，人工知能学会論文誌，29(1)，pp. 41-52 (2014)〕に基づき，オノマトペを定量化するシステムについて解説する。

工学的システムをつくるときは，社会的課題を解決することを目的とすることが多いが，このシステムは，見た目や手触りを通して感じる質感が大切な製品開発をしている企業からの要望に応えたい，といったことがあった。そこで，上記論文で発表したシステムで採用した評価項目は，五感の中でも，触感や視覚的印象に関連する分野（ファッション，インテリア・建築，プロダクト，デザイン，色彩全般）についての研究で用いられることの多い評価項目を調査して選んだ。「明るい―暗い」，「暖かい―冷たい」，「落ち着いた―落ち着きのない」，「快適―不快」，「かたい―やわらかい」，「きれいな―汚い」，「現代風な―古風な」，「高級感のある―安っぽい」，「爽やかな―うっとうしい」，「親しみのある―親しみのない」，「上品な―下品な」，「楽しい―つまらない」，「激しい―穏やかな」，「陽気な―陰気な」などの43項目で，オノマトペの意味を計算して出すことを目指した。

オノマトペが表す意味の計算方法は，一つ一つの言語音や形態的特徴に結び

付く意味を足し算していく，というシンプルな方法であるが，丁寧な心理実験とデータ処理によって，予測精度の高いシステムを実現した．構築手順はおおよそ以下のとおりである．

4.3.2 オノマトペ感性評価システムの構築手順
【ステップ1】

どのようなオノマトペを入力しても，エラーになることなく，それが表す意味を推定できるようにするために，日本語のすべての音韻を網羅するオノマトペを被験者に評価してもらう必要がある．一方で，人が到底オノマトペとしてつくらないような音韻の羅列では，人はなにもイメージできないと思われる．そこで，このシステム構築で重視したのは，日本語のオノマトペの音韻および形態的特徴を備えたオノマトペについて，網羅的に扱えることができるようにするということである．そこで，オノマトペとして認められる表現のみを被験者実験で用いることとした．

まず，2モーラ繰り返し型のABAB型のオノマトペ表現（例えば，「フワフワ」や「ジョリジョリ」など）に対応するすべての音韻の組合せ，$105 \times 105 = 11\,025$通りを作成した．これに，「ティ」や「ファ」などの小母音を含む50通りを加え，11 075通りとした．11 075通りのうち，3名中2名以上によってオノマトペであると判断されたABAB型オノマトペ319語を抽出した．

つぎに，抽出されたABAB型オノマトペに対応する繰り返しなし型，すなわちAB型のオノマトペ319語に対して，撥音「ン」・促音「ッ」・長音化「ー」・語末の「リ」の特殊語尾を付与した．AB型オノマトペ319語に対して，11パターンの語尾を付与したオノマトペ（例えば，「フワ」に対する「フンワリ」，「ジョリ」に対する「ジョリッ」など）に対応する組合せ3 509通りを作成した．この中から，3名中2名以上によってオノマトペであると判断された特殊語尾付与オノマトペ429語を抽出した．ここまでで抽出されたABAB型オノマトペ319語と特殊語尾付与オノマトペ429語とを合わせ，計748語のオノマトペを得た．実験における被験者負担も考慮し，分布する数の特に多い

音韻を含むオノマトペを削除した。ただし，ABAB 型 319 語および特殊語尾付与 429 語の選定時に 3 名全員がオノマトペであると判断した表現や，もともと数の少ない音韻を含む表現については削除しなかった。この結果，**表 4.7** に示す，すべての音韻要素が網羅された 312 語を実験刺激に用いるオノマトペとして選定した。

【ステップ 2】

ステップ 1 で選ばれたオノマトペの印象を，「明るい―暗い」などの 43 項目ごとに，実際に人に評価してもらう実験をした。評価対象は，ステップ 1 で選定された実験刺激オノマトペ 312 語であった。

実験の被験者は 20 歳から 24 歳までの大学生 78 名（男性 51 名・女性 27 名）である。被験者負担を考慮し，被験者 78 名を 13 名ずつ六つのグループに分け，それぞれ実験刺激オノマトペ 52 語を割り当てた。したがって実験刺激 1 語当りの実被験者数は，被験者総数 78 名 6 グループ = 13 名となる。

初めに実験の手順と諸注意を被験者に口頭で説明し，回答させた。回答時には，他の実験刺激による影響を受けないよう実験刺激オノマトペを無作為順に 1 語ずつ提示し，全 43 対の評価尺度対を用いて，7 段階 SD 法でその印象を評価させた。被験者 1 人に対しそれぞれ 52 語のオノマトペの印象を評価させ，回答させた。被験者によって個人差はあったものの，所要時間はおおむね 2 時間ほどであった。

被験者実験は，実験用に作成した回答用フォームを動作させた計算機上で実施した。**図 4.2** に，実験で用いた回答用フォーム画面の一部を示す。フォームは実験刺激の提示と印象評価値の入力を兼ねており，7 段階の回答入力欄の左右に評価尺度対がそれぞれ表示され，最左側に実験刺激オノマトペが表示されるものであった。

実験の結果，オノマトペ 312 語 × 評価尺度 43 対 × 実被験者 13 名 = 全 174 408 個の回答を得た。これらの回答について，回答画面上で左の尺度側を 1，右の尺度側を 7，中央の「どちらともいえない」を 4 として，1〜7 の数値を割り当てて集計した。

4. 感性オノマトペ

表 4.7 312語のオノマトペ

アミアミ	ツルツル	ヨレヨレ	ギコギコ	トプトプ	ギザッ
ジャザジャザ	フサフサ	ニュルー	シュポシュポ	ブブブブ	パフー
チリチリ	モフモフ	ガサガサ	トシュトシュ	イガッ	キョモキョモ
ヒラヒラ	ドロッ	ジュザジュザ	プニュブニュ	ネッチョ	スイスイ
モジャモジャ	ウニョウニョ	トゥルトゥル	ワショワショ	ギズギズ	ニャプニャプ
ドーロ	シャラシャラ	プニブニ	ヌメー	ショリショリ	ベコベコ
イガイガ	ズルズル	レチョレチョ	ギコギコ	ドドドド	ギッザ
ジャシジャシ	プチプチ	ニュルッ	シュワシュワ	ブヨブヨ	パフッ
ヂリヂリ	モミモミ	ガヤガヤ	ドシュドシュ	ウッニャ	グシュグシュ
ファサファサ	ドロリ	シュシュシュ	フニョフニョ	ネッチョリ	ズザズザ
モゾモゾ	エボエボ	シュドサドサ	ワシワシ	ギトギト	ニュニニュニ
ドッロ	ジャラジャラ	プニブニ	ヌメーリ	ジョリジョリ	ベタベタ
ウニウニ	ティロティロ	ワキャワキャ	ギザギザ	トロトロ	ギット
シャシャシャ	ブツブツ	ニュルリ	ショギショギ	プヨプヨ	フーワリ
シャツウツウ	ヤワヤワ	カリカリ	ドスドス	ウンニャ	グショグショ
フォンフォン	ドロン	ジュプジュプ	ブニョブニョ	ネバー	ズシズシ
モチモチ	ガクガク	ドシドシ	ワニャワニャ	ギュイギュイ	ニュプニュプ
ドボッ	ジャリジャリ	フニャフニャ	ヌメッ	ショワショワ	ペタペタ
ウニャウニャ	テカテカ	ワサワサ	キシキシ	ドロドロ	キュウッ
ジャバジャバ	プツプツ	ニュルン	ジョギジョギ	プルプル	フッサリ
ツブツブ	ユラユラ	ギイギイ	ドドドド	ウンニュ	グチョグチョ
フカフカ	ニュール	シュボシュボ	プニョプニョ	リネバッ	ズプズプ
モチュモチュ	カサカサ	ドシャドシャ	イーガ	キュウキュウ	ニュポニュポ
ドローリ	シャワシャワ	プニャプニャ	ヌメリ	シワシワ	ペチャペチャ
ウニュウニュ	デロデロ	ワシャワシャ	ギジギジ	ナヨナヨ	グチョン
ジャブジャブ	フニフニ	ヌチャーリ	ショボショボ	フワフワ	フニン
クニクニ	ヘニョヘニョ	ゴツゴツ	ボロボロ	サラサラ	モギュモギュ
スベスベ	ケバッ	ソワソワ	ジャラッ	チャポチャポ	チクン
ニュルニュル	フンワリ	ネチャネチャ	モゾッ	パフパフ	ワサー
ベチョベチョ	グネグネ	ポフポフ	ザクザク	ムズムズ	ジジジジ
グッショリ	セリセリ	シッワ	タポタポ	ジョリッ	チョビチョビ
ブヨン	ヌメヌメ	ホンワ	バサバサ	モフリ	ビチャビチャ
クニャクニャ	ボコボコ	コリコリ	ホワホワ	ザラザラ	モコモコ
ズポズポ	ゴンッ	ゾワゾワ	ジャラリ	チャラチャラ	チャプッ
ニョニョ	ベッタリ	ネチョネチョ	モッサ	ハリハリ	ワサッ

4.3 オノマトペによる感性の定量化　77

表 4.7　312 語のオノマトペ（つづき）

ペチョペチョ	ケバケバ	ボヨボヨ	ザグザグ	ムチムチ	シャカシャ
クニャー	ゾクゾク	シャーシャ	チクチク	スーイ	カチョリ
プヨン	ヌラヌラ	ホンワリ	パサパサ	モフン	チョリ
グニャグニャ	ポコポコ	コロコロ	マフマフ	サワサワ	ピチャピチャ
スリスリ	ザザッ	タタタタ	ジャリッ	チャリチャリ	モサモサ
ニョロニョロ	ペットリ	ネトネト	モッフリ	ビシャビシャ	チャプン
ベトベト	コチコチ	ポヨポヨ	ザザザザ	ムニムニ	ワシャッ
クンニャリ	ソヨソヨ	シャーワリ	チャパチャパ	スベッ	ジャカジャカ
プンニャ	ヌルヌル	ムニリ	パツパツ	ヨレー	チョロチョロ
クニュクニュ	ボサボサ	ゴロゴロ	ムギャムギャ	ジェリジェリ	ビビビビ
ズリズリ	ザックリ	ダダダダ	ジュプッ	チュプチュプ	モシャモシャ
ヌチャヌチャ	ポフッ	ネバネバ	モフー	ピシャピシャ	チャポッ
ヘナヘナ	コツコツ	ホロホロ	ザシュザシュ	ムニュムニュ	ワシャリ
ゲジッ	ソルソル	シャッシャ	チャプチャプ	チクリ	
プンニュ	ネチネチ	モジャッ	ババババ	ヨレッ	
クニョクニョ	ポチャポチャ	ゴワゴワ	ムギュムギュ	シゲシゲ	
スルスル	ザラー	タプタプ	シュンシュ	チョパチョパ	
ヌプヌプ	ポフリ	ノソノソ	モフッ	ピチピチ	

		非常に	←----		どちらともいえない	----→	非常に	
		3	2	1	0	1	2	3	
プニプニ	強い					1			弱い
	シンプルな				1				複雑な
	鋭い						1		鈍い
	安心な		1						不安な
	かたい							1	やわらかい

図 4.2　実験の回答フォームの一部

　ここから，被験者間でオノマトペの印象評価がどの程度一致しているかを調べるために被験者間の評価のばらつきを調査した．実被験者 13 名の印象評価値の標準偏差を，全オノマトペ 312 語×全評価尺度 43 対の 13 416 通りにわたって算出したところ，標準偏差の最小は 0，最大は 2.81，平均は 1.31 となった．このうち，標準偏差が 2.0 以上となるデータが 275 通り（全体の約 2 ％）存在した．これら極端なばらつきの回答を削除し，標準偏差 2.0 未満の回答のみについて，評価値の平均をとることで被験者のデータを代表させた．

【ステップ3】

ステップ2で取得したデータに基づき，オノマトペの印象を予測するモデルを構築するにあたり，まずオノマトペを構成する音韻上の要素のカテゴリーを定義し，日本語オノマトペの音韻を各カテゴリーに分類する。

オノマトペの基本的な形態は「子音＋母音＋（撥音『ン』・促音『ッ』・長音化『ー』）」や「子音＋母音＋（撥音・促音・長音化）＋子音＋母音＋（撥音・促音・長音化・語末の『リ』）＋（反復）」のように記述できる。なお以降では，子音と母音の後につづく撥音や促音などの音韻要素を，**特殊語尾**または**語尾**と呼ぶこととする。

ここで，子音の部分から子音行と濁音・半濁音および拗音を分離する。例えば「カ」，「キャ」，「ガ」，「ギャ」はいずれも子音行が「カ行」であり，それぞれ「カ」＝カ行＋濁音なし＋拗音なし，「キャ」＝カ行＋濁音なし＋拗音あり，「ガ」＝カ行＋濁音あり＋拗音なし，「ギャ」＝カ行＋濁音あり＋拗音あり，のように分離される。このように，音韻を子音行の種類ごとに分類し，集約したカテゴリーを「子音行カテゴリー」と定義する。なお，拗音付きの音については，例えば「キャ」＝カ行＋濁音なし＋拗音あり＋母音「ア」，「キュ」＝カ行＋濁音なし＋拗音あり＋母音「ウ」，「キョ」＝カ行＋濁音なし＋拗音あり＋母音「オ」，のように区別され，母音「イ」と母音「エ」の付く音は存在しないものとする。

このようにして子音から分離された，濁音・半濁音の有無，拗音の有無の要素に加え，母音の種類や特殊語尾の種類などその他の音韻要素についてもそれぞれカテゴリーを定義する。

なお，「フワ」と「モフ」の「フ」のように，同じ音韻であっても語中の位置によって全体の印象に異なる影響を与える可能性を考慮し，第1モーラと第2モーラとでおのおのカテゴリーを別とする。すなわち，「フワ」の「フ」については第1モーラの子音・母音として，「モフ」の「フ」については第2モーラの子音・母音として扱う。以上のカテゴリー定義によって，オノマトペ表現をモーラごとに「子音行＋濁音・半濁音＋拗音＋小母音＋母音」または

4.3 オノマトペによる感性の定量化

「特殊語尾（撥音・促音など）」といった要素に分離して記述できる．

そして，オノマトペの印象を予測するモデルとして，各カテゴリーに分類されている音韻要素の印象の線形和によって，オノマトペ全体の印象予測値が得られるとするつぎのモデルを立てた：

$$\hat{Y}_i = X_{i1} + X_{i2} + X_{i3} + \cdots + X_{i13} + C_i \tag{4.1}$$

式 (4.1) の各変数について説明する．ある評価尺度 i（$i=1, 2, ..., 43$）について，$\hat{Y}_i$ は評価尺度 i 上の印象の予測値，$X_{i1} \sim X_{i13}$ は各音韻要素のカテゴリー数量（各音韻要素がオノマトペ全体の印象に与える影響の大きさ）の値である．C_i は定数項であり，この値を基準に，各音韻要素の影響を正負の変動として計算する．このうち，$X_{i1} \sim X_{i5}$ はそれぞれ評価尺度 i に対する第1モーラの「子音行の種類」，「濁音・半濁音の有無」，「拗音の有無」，「小母音の種類」，「母音の種類」の数量であり，X_{i6} は第1モーラに付く「特殊語尾（撥音『ン』・促音『ッ』・長音化『ー』）の有無」の数量である．また $X_{i7} \sim X_{i11}$ はそれぞれ評価尺度 i に対する第2モーラの「子音行の種類」，「濁音・半濁音の有無」，「拗音の有無」，「小母音の種類」，「母音の種類」の数量であり，X_{i12} は第2モーラに付く「特殊語尾（撥音・促音・長音化・語末の『リ』）の有無」，X_{i13} は「反復（全体の繰り返し）の有無」の数量である．

全43対の印象評価尺度について，それぞれ印象予測値 $\hat{Y}_i$ を求めることで，オノマトペの感性評価ベクトルが得られる．

【ステップ4】

ステップ3の予測モデルに基づき，任意のオノマトペによって表される感性的印象を定量化できるようにするために，ステップ2の被験者実験で得られたオノマトペの印象評価値を用いて，言語のような定性的なデータを数量的に扱うために用いられることのある，数量化理論Ⅰ類という統計処理を行う（数量化理論Ⅰ類の解説は4.4節で行う）．この処理を行うと，**表4.8** のように，各音韻がオノマトペの印象にどのように影響を与えるか数値的に求めることができる．この数量値によって，音韻要素がオノマトペ全体の印象に与える影響の

4. 感性オノマトペ

表 4.8 音韻要素のカテゴリー数量一部抜粋

形容詞尺度	第 1 モーラ				
	子音行			濁音の有無	
	カ行	サ行	ハ行	濁音	半濁音
明るい―暗い	−2.11	−2.05	−2.36	1.09	−0.34
暖かい―冷たい	−1.15		−0.28	0.18	−0.13
かたい―やわらかい	−0.82	−0.67	0.29	−0.39	0.48
湿った―乾いた	0.62		0.49	−0.46	−0.68
滑る―粘つく	−0.19		−0.18	0.68	−0.15

大きさがわかる。例えば，「ハ行の音」や「カ行の音」などがそれぞれどのような印象と結び付くかが特定できる。「ハ行」を使ったオノマトペ（「フワフワ」，「ホワホワ」，「ヘニョヘニョ」など）はやわらかい印象と評価される傾向があるとわかると，「ハ行」はやわらかいという印象への影響が強い，ということがわかるため，「ハ行」には，やわらかいという評価値が与えられる。「カ行」を使ったオノマトペ（「カリカリ」，「コリコリ」，「コンコン」など）はかたい印象と評価される傾向があるとわかると，「カ行」はかたいという印象への影響が強いということがわかるため，「カ行」にはかたいという評価値が与えられるというものである。

たった 300 個程度のオノマトペについて実験しておけば，理論上数千万通りもありうる膨大な数のオノマトペが人に与える印象を計算できる。例えば，「フワフワ」というオノマトペの印象はつぎのように計算されることになる。

「フワフワ」は，「フワ」の反復で，最初の音節は「ハ行」＋「ウ」，二つ目の音節は「ワ行」＋「ア」であるため，例えば，「かたい―やわらかい」という評価項目については，**表 4.9** のように計算される。

この印象予測値は，1 から 7 までの段階での印象評価値を基に算出している（つまり 7 が満点のやわらかさとなる）ため，予測値 6.21 は，「かたい―やわらかい」（1〜7）の評価尺度で，「やわらかい」印象が強いことがわかる。実際に被験者が「フワフワ」の印象について「かたい―やわらかい」という評価項

表4.9 「かたい—やわらかい」尺度の「フワフワ」の印象値

	カテゴリー	音韻要素	数量
X_1	第1モーラ 子音行	「ハ行」	0.29
X_2	第1モーラ 濁音	濁音・半濁音なし	0.14
X_3	第1モーラ 拗音	拗音なし	0.01
X_4	第1モーラ 小母音	小母音なし	−0.02
X_5	第1モーラ 母音	「ウ」	0.55
X_6	語尾	語尾なし	−0.08
X_7	第2モーラ 子音行	「ワ行」	0.71
X_8	第2モーラ 濁音	濁音・半濁音なし	0.12
X_9	第2モーラ 拗音	拗音なし	−0.07
X_{10}	第2モーラ 小母音	小母音なし	−0.02
X_{11}	第2モーラ 母音	「ア」	0.07
X_{12}	語尾	「なし」	−0.15
X_{13}	反復	反復あり	0.23
	定数項		4.43
$\hat{Y}$	評価尺度上の印象予測値		6.21

目について回答した印象評価値の平均値は6.54だったことと比較すると，システムで予測した数値と実際の数値が近いことがわかる．各音韻がどの位置で使われたものであるかの違いも考慮されているため，「フワフワ」と「ワフワフ」は違う結果になる．図4.3は「フワフワ」の出力結果である．ただし，出力結果は日々進化しているシステムのバージョンに依存して若干異なり，図の数字は出力の際に少し補正をしているため，上の計算式の数字とは少し違う結果となる．経験的に，1や−1を満点としたときの，0.4あるいは−0.4より強く出ているものに注目するのがよさそうである．それよりも中心に寄っているものは，評価がはっきりしないものである可能性がある．

このシステムは，「このオノマトペはこのようなときに使う」といった知識を使ったものではなく，言語音と印象の結び付きから意味を推定するアルゴリズムになっているため，慣習的なオノマトペよりも，図4.4に示す「モフモフ」のような新オノマトペの意味の推定に有効である．「モフモフ」は，動物の毛のやわらかさ，暖かい感じを表す新表現として広まったものであるが，

82   4. 感性オノマトペ

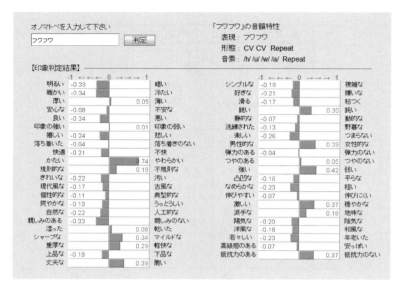

図 4.3 「フワフワ」の出力結果

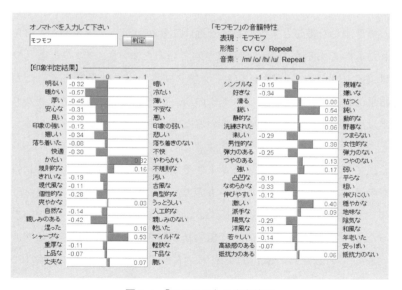

図 4.4 「モフモフ」の出力結果

「フワフワ」よりもやわらかく，暖かい印象としてシステムが推定できていることがわかる。

4.3.3 オノマトペ感性評価システムの精度評価

4.3.2 項で解説した印象予測モデルによって予測された印象が，人の感じる感性的印象と近いものであることと，モデルがどのようなオノマトペに対しても有効であることを示すために，システムの精度評価実験を実施した。

この実験では，各オノマトペの印象を被験者に評価させた結果と，そのオノマトペを感性的印象評価システムに入力して得られたシステムの印象評価値とを比較することにより，システムの有効性を検討する。

初めに，ある程度慣習的に用いられるオノマトペについてのシステムの評価実験を行った。実験被験者は，システム構築時の実験の被験者と異なる 21 歳から 28 歳までの学生 11 名（男性 9 名・女性 2 名）である。実際に過去の触覚実験で被験者が手触りを表す際に用いたオノマトペ 279 語のうち，印象評価システム構築のために行った印象評価実験で用いたオノマトペを除いた，266 語を抽出した。このうち，オノマトペの音韻に偏りがないように配慮して，オノマトペ 30 語を選定した。

実験の手順および環境については，システム構築時の印象評価実験と同様である。まず，実験の手順と諸注意を被験者に文面にて説明し，回答させた。被験者に実験刺激オノマトペを無作為順に提示し，全 43 対の評価尺度対を用いて 7 段階 SD 法で印象を評価させた。被験者 1 人に対し，それぞれ 30 語のオノマトペの印象を評価させた。実験はシステム構築時の回答用フォームと同様のものを動作させた計算機上で実施した。実験の所要時間はおおむね 1 時間から 1 時間半ほどであった。

実験の結果，オノマトペ 30 語 × 評価尺度 43 対 × 被験者 11 名 = 全 14 190 個の回答を得た。システム構築時の手順と同様にして，これらの回答について，1〜7 の数値を割り当てて集計し，被験者の印象評価結果の平均評価値を算出し，これを被験者の印象評価値とした。なお被験者 11 名の印象評価値の標準

偏差を，全オノマトペ30語×全評価尺度43対の1290通りにわたって算出したところ，標準偏差の最小は0，最大は2.52，平均は1.08となった。

一方，実験に用いた実験刺激オノマトペ30語を印象評価システムに入力し，出力された印象評価結果をシステムの印象推定値とした。被験者の印象評価値とシステムの印象推定値を，**Pearsonの積率相関係数**を求めることによって比較した。すなわち，オノマトペi（$i=1, 2, ..., 30$）について，評価尺度j（$j=1, 2, ..., 43$）における被験者の印象評価値をx_{ij}，システムの印象推定値をy_{ij}として，オノマトペiにおける変数xとyに関するPearsonの積率相関係数を求めた。結果は**表4.10**のとおりである。

表4.10 慣習的なオノマトペによる評価実験における被験者の印象とシステムの印象の相関[19]

オノマトペ	相関係数	オノマトペ	相関係数
ガシガシ	0.89***	ネットリ	0.89***
ギュルギュル	0.83***	パリパリ	0.45**
クシャクシャ	0.63***	ピタッ	0.35*
ゴシゴシ	0.78***	フモフモ	0.62***
ゴワッ	0.80***	プニッ	0.91***
サラッ	0.85***	プニュプニュ	0.86***
ザラッ	0.74***	ベチャベチャ	0.83***
シャグシャグ	0.53***	ベトッ	0.88***
ジュルジュル	0.61***	ペタッ	0.41**
チュルチュル	0.76***	ボソボソ	0.72***
ツヤツヤ	0.44**	ボワッ	0.50***
テロテロ	0.39**	ムニッ	0.92***
デコデコ	0.54***	モサッ	0.60***
トゲトゲ	0.83***	モワモワ	0.80***
ヌルッ	0.72***	フワフワ	0.85***

***: $p < 0.001$, **: $p < 0.01$, *: $p < 0.05$

実験に使用したオノマトペ30語すべてにおいて有意な相関が見られたことから，印象評価システムによるオノマトペの印象の推定が，被験者の印象評価と比較的近い傾向にあることを示唆しており，オノマトペの印象評価システム

で用いている推定手法には高い有効性があることが示された。

つぎに，構築したシステムが，今後新しく生まれる新しいオノマトペの印象も予測できるかどうかを調べるために，新奇性の高いオノマトペを用いてシステムの精度評価実験を実施した。

システム構築時に用いたオノマトペと異なる新たなオノマトペ60語を作成した。この60語のオノマトペは，音韻要素を網羅し，かつ特定の音韻に偏らないように選定した。すでに行った実験の被験者とは異なる新たな被験者3名（男性3名，平均年齢30歳）に対して，選定した60語を提示し，新奇性の有無について7段階SD法で評価させた。これらの回答に対し，7段階の両極をそれぞれ1と7，中央を4として，1〜7の数値を割り当てた。この結果，新奇性の評価において被験者の回答の平均値が5.0以上であった18語を実験刺激として選定した。

実験の手順および環境については，慣習的なオノマトペを用いたシステムの精度評価実験と同様である。実験被験者は，これまでの実験の被験者と異なる21歳から25歳までの学生9名（男性8名・女性1名）である。

実験の結果，オノマトペ18語×評価尺度43対×被験者9名＝全6 966個の回答が得られた。被験者9名の印象評価値の標準偏差を，全オノマトペ18語×全評価尺度43対の774通りにわたって算出したところ，標準偏差の最小は0.31，最大は2.06，平均は1.00となった。慣習的オノマトペについての実験の場合と同じ分析手順で，被験者の印象評価値とシステムの印象評価値を，Pearsonの積率相関係数を求めることによって比較した。結果は**表4.11**のとおりである。

実験に用いたすべてのオノマトペ18語において有意な相関が見られた。このうち，オノマトペ16語において相関係数の値が0.7以上となり，非常に強い相関が認められた。また，2語においても相関係数の値が0.65以上0.7未満となり，比較的強い相関が認められた。以上から，このシステムは，新奇性の高いオノマトペの印象推定においても高い有効性があることが示された。

このシステムによって，被験者が感性的印象を表す際に用いる一言のオノマ

表4.11 新奇性の高いオノマトペによる評価実験における被験者の印象とシステムの印象の相関[19]

オノマトペ	相関係数	オノマトペ	相関係数
カセカセ	0.74***	ノボー	0.76***
ガトッ	0.82***	ヒロヒロ	0.80***
ジュカジュカ	0.85***	ボレボレ	0.65***
シュメリ	0.71***	ムヨムヨ	0.96***
ジョガリ	0.95***	モキュン	0.80***
シリシリ	0.75***	リギッ	0.81***
ズメズメ	0.84***	ルキルキ	0.72***
チルチル	0.69***	レトッ	0.78***
トギョトギョ	0.71***	ワネワネ	0.71***

*** : $p < 0.001$

トペから，複数の形容詞対評価尺度ごとに被験者が回答した場合と同等の情報を取得することが可能になった．

4.4　数量化理論 I 類

4.4.1　数量化理論とは

数量化理論とは，程度・状態・有無や yes か no か，といった質的データに数量を与え，重回帰分析・主成分分析・判別分析と同じような多変量解析を行う手法のことである．アンケートへの言語による回答そのものは定性的なデータであるが，そのようなデータに対しても，最適な数量を与えて分析しようというものである[2]．

「あなたは勉強が好きですか？」という質問に対して

　A「とても好き」　B「好き」　C「普通」　D「あまり好きではない」

　E「全く好きではない」

という答えが用意されているとき，これらの答えに数量を与えるだけなら

　A は 5，B は 4，C は 3，D は 2，E は 1

あるいは

Aは+2，Bは+1，Cは0，Dは−1，Eは−2
という数量を与えることはできるが，その数量が最適だからその数量にした，という理由はない。

そこで数量化理論では，その答えに対し「ある意味において最適な数量」を求め，回答を量的データに変換して分析しようというものである。

数量化理論には，重回帰分析に相当する数量化理論Ⅰ類，判別分析に相当する数量化理論Ⅱ類，主成分分析に相当する数量化理論Ⅲ類や数量化理論Ⅳ類がある。本書では，4.3節で解説したオノマトペ感性評価システム構築で用いている数量化理論Ⅰ類に絞って解説を行う。

4.4.2 数量化理論Ⅰ類

数量化理論Ⅰ類は，分析対象がある実測量 Y として得られ，Y に関連する質的な情報 $X_1 \sim X_m$ が得られているとき，Y を目的変数として，その特性を質的な情報（説明特性）で予測するための方法である。

例えば，**表4.12**のアンケート調査の結果があったとする。

表4.12 野菜と肉の好き・嫌いと体重の関係についてのデータ

サンプルID	体重〔kg〕	アイテム			
		質問(1) 野菜		質問(2) 肉	
		カテゴリー			
		好き	嫌い	好き	嫌い
1	50	○	×	○	×
2	55	×	○	×	○
3	60	×	○	×	○
4	48	○	×	×	○
5	65	×	○	○	×

各設問に対して，反応のあったところ（回答）に○が付いている。食べ物の好みからその人の体重を予測したり，野菜と肉のどちらのアイテムが体重により影響を及ぼしているか，などを調べることができる。

例えば

 特性1 特性2
野菜が好き＋肉が好き → ○○kg
野菜が好き＋肉が嫌い → ○×kg
野菜が嫌い＋肉が好き → ×○kg
野菜が嫌い＋肉が嫌い → ××kg

という予測ができればよい。

この関係を1次式で表現するために,「ダミー変数」を設定する。ダミー変数 x_{ij} とは

$$x_{ij} = \begin{cases} 1 & \text{アイテム}i\text{のカテゴリー}j\text{に反応したとき} \\ 0 & \text{その他} \end{cases}$$

というものであり

$$Y = a_{11}x_{11} + a_{12}x_{12} + a_{21}x_{21} + a_{22}x_{22} + c$$

となる。この式の中の a_{ij} がカテゴリー数量であり,独立変数の係数に相当する。

カテゴリー数量 a_{ij} はどのように決定するのかであるが,外敵基準 y を最もうまく予測したいため,各サンプルで,外的基準の値と予測値 Y の値との差をできるだけ小さくなるように,最小二乗法を用いてカテゴリー数量を求めることになる。

項目が多くなると,数量化理論Ⅰ類の計算は非常に複雑であるため,コンピュータを用いて解析を行うことになる。

4.5　感性の個人差を把握する方法

4.5.1　モノから感じる感性の個人差を把握する方法

オノマトペで表されるのはモノから感じる感性的印象であるため,どのモノについて見たり触ったりしたときにどのような印象をもつかは,個人差があるため,各モノがどのオノマトペと結び付くかは,個人差がある。

4.5 感性の個人差を把握する方法

SD評定法などによる従来の感性評価手法では，被験者の評価を把握したいすべてのモノについて，実際に被験者に見たり触ったりしたときの印象について，複数の評価項目ごとに回答を求めなければならず，実験者にとっても被験者にとっても負担が大きかった。そこで，4.3節で紹介した，オノマトペによって表される感性的印象を数量化できるシステムを介在させることで，少数のオノマトペの位置を操作するだけで他のオノマトペも適切に移動させ，オノマトペによって表される感性空間とモノの物理空間の対応関係を変更できるシステムを構築した。オノマトペを数量的に扱うことができる技術があるからこそ実現できるものである。これにより，少ない手順でユーザの評価が可能になり，個人個人の感じ方の違いを，少ない時間，少ない負担で把握できるようになった。例えば，負担の大きい高齢者や，通常のアンケートへの回答が難しい年少者にも協力が得られやすいため，モノの感じ方の年代差や性差など，属性に基づいた大規模調査が可能になると考えられる。本節では，文献16)〔坂本真樹，田原拓也，渡邊淳司：オノマトペ分布図を利用した触感覚の個人差可視化システム，日本バーチャルリアリティ学会論文誌，**21**(2)，pp. 213-216 (2016)〕に基づいて，システム構築手順についての解説をする。

4.5.2 システム実装例

調べたい範囲の素材マップ，つまりモノの物理空間を可視化したものと，**オノマトペマップ**，つまり感性空間を可視化したものとを，それぞれ独立に準備する。その上で，素材マップの上でオノマトペの配置を各個人が変化させ，その違いを見ることができるようにする。本節では，一般的な触感を対象にして，マップの作成，およびそのすり合せを行った実装例について述べる。

〔1〕**素材マップの作成**　実装例では，基本的な触感を網羅するように企業と連携して作成した50種類の素材を用いた。今回は，触覚を通して感じる感性的印象を取得するため，視覚を遮断した21〜24歳（平均22.8歳）の被験者10名（男性6名，女性4名）に，素材を一つずつランダムに提示し，利き手の人差し指で横になぞる動作と押す動作で触れてもらった。そして，「温

かい―冷たい」,「かたい―やわらかい」,「弾力のある―弾力のない」,「湿った―乾いた」,「滑る―粘つく」,「凸凹な―平らな」,「なめらかな―粗い」の 7 種類の評価項目ごとに 7 段階評定法で回答を求めた.各素材の尺度ごとの平均評定値から各素材間の相関係数を算出し,多次元尺度構成法によって図 4.5 の素材マップを作成した(英字は,後述の似た触感の素材を集めたクラスタ).

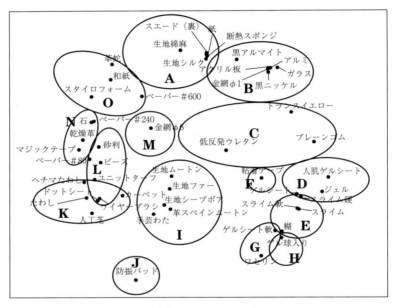

図 4.5 素材マップ

〔2〕 **オノマトペマップの作成** 一般的な触感を表すオノマトペとして 2 モーラ(拍,おおよそ 2 音節に相当する)繰り返し型のオノマトペ 307 語を用意し,それらを "○△○△した手触り"(○△○△はオノマトペ)という検索語で Google 検索を行い(2012 年 7 月 6 日実施,Internet Explorer9),ヒット数が 1 000 件以上のオノマトペ 43 語を選定した.つぎに,選定された 43 語を 4.3 節で紹介したオノマトペ感性評価システムに入力し,43 語それぞれに対して,触素材の評価と同じ「温かい―冷たい」,「かたい―やわらかい」,「弾力のある―弾力のない」,「湿った―乾いた」,「滑る―粘つく」,「凸凹な―平ら

な」,「なめらかな―粗い」の7尺度の評価値を得た。43語のオノマトペの各7尺度の評価値を主成分分析し,第1主成分を横軸,第2主成分を縦軸として,図4.6のオノマトペマップを作成した。第2主成分までの累積寄与率は80.9%であった。

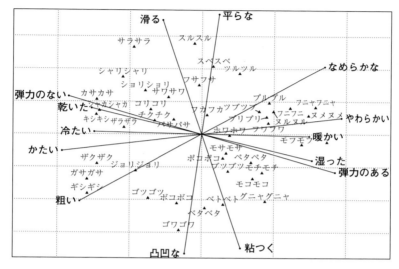

図4.6 オノマトペマップ

〔3〕 **素材とオノマトペの関係を操作するシステム**　つぎに,触素材マップとオノマトペマップをユーザの主観に合うようにすり合わせるシステムについて解説する。はじめに,タッチパネル機能の付いた画面に,オノマトペマップが素材マップの上に触感印象がある程度合うように重畳された状態で表示する。

　二つのマップは,それぞれ異なるデータで独立に作成されたものであるが,同じ7尺度を使用しているため,触素材の印象評価値,オノマトペマップの軸を参考にして中心点を合わせ,座標値を調整し,800×600(横×縦)ピクセルの画面上に重ね合わせた。

　ユーザは,オノマトペマップ上の各オノマトペの位置を,それが最も表すと

感じられる触素材の位置へと移動させる．このとき，本システムの大きな特徴として，ユーザが一つのオノマトペを移動させると，その他のオノマトペもオノマト感性評価システムの出力に基づくオノマトペ間の類似度に合わせて，自動的に移動する．そうすることで，マップ上すべてのオノマトペを配置し直さなくても，少数のオノマトペを移動するだけで全体の配置が調整されることになる．つまり，本システムは，ユーザがいくつかのオノマトペを移動させることを何度か行うことで，個人の主観に合ったオノマトペ全体の関係性を効率的に調整できる．以下，オノマトペを自動的に移動させるアルゴリズムについて解説する．

本システムでは，あるオノマトペAを移動させた際に，オノマトペBが受ける影響係数 α（0〜1の値）を式 (4.2) のように定義し，BもAの移動量の α 倍だけ移動させる．影響係数はガウス関数であり，AとBの距離（D：ピクセル）が大きくなると係数は指数関数的に小さくなる．数式の σ の値はAの影響の及ぶ範囲を規定する定数で，本システムでは 95 とした．例えば，800×600 ピクセルの画面上で，AとBが 95 ピクセル離れていると α の値は 0.60 となり，BはAと同方向に 60%移動し，190 ピクセル離れていると 0.14 で 15%程度移動し，285 ピクセル離れていると 0.01 となりほとんど影響がなくなる．つまり，画面端のオノマトペを移動させたときには，およそ画面中央より離れたオノマトペには影響を及ぼさない値である．

$$\alpha = \exp\left[\frac{-(D)^2}{2(\sigma)^2}\right] \tag{4.2}$$

ユーザはオノマトペを左クリックしながら移動した後，右クリックでその位置を固定することが可能で，つぎに，別のオノマトペを移動する際には，固定されたオノマトペの影響も加味して考える．固定されたオノマトペAと，つぎに移動させるオノマトペBの近傍にある，オノマトペCが受ける影響係数 β を式 (4.3) で定義する．ここでは，BとCの距離（D：ピクセル）の影響（第1項）以外に，固定されたAとCの距離（E：ピクセル）の影響（第2項）が存在する．ただし，Aからの影響はBに比べて小さく設定してある（第2項

の分子の値を $2E$ としている)。例えば,画面上で A,C,B が順に 95 ピクセル離れて並んでいるとき,B を移動させると,C は移動する B から 0.6 の影響,固定された A から 0.14 の影響を受ける。そのため C は,B の移動に対して 0.46 倍の移動を行うことになる。また,もし,A と C の距離が B と C の半分だったとすると ($E=D/2$),影響係数 β は 0 になり,C は B が動いても移動しない(固定点の影響が大きく β が負の値になった場合も,C は動かないとする)。

$$\beta = \exp\left[\frac{-(D)^2}{2(\sigma)^2}\right] - \exp\left[\frac{-(2E)^2}{2(\sigma)^2}\right] \tag{4.3}$$

ユーザがオノマトペを固定していくにつれ,β の第 2 項以降に,固定したオノマトペの影響が付加され,移動するオノマトペの影響が少なくなる。このような手順を通じてオノマトペマップを触素材マップに合うように変形していく。もちろん,初期の配置のマップ間の適合度によって移動の回数は異なるかもしれないが,σ を適切に調整することで一定の配置に収束すると考えられる。図 4.7 は,iPad アプリとして実装したシステムを操作しているユーザの

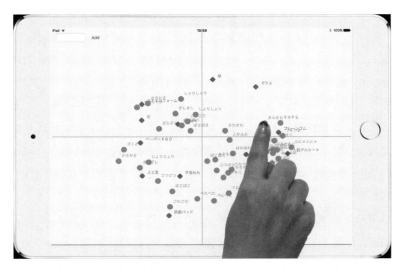

図 4.7　iPad 版アプリでオノマトペを移動しているユーザの様子

写真である。

4.5.3 システムの評価実験

実装したシステムの評価実験について解説する。オノマトペの配置をいくつか移動しただけで，個人がモノから感じる印象をより適切に捉えられるのかどうか，という観点での，システムの有効性評価である。

具体的には，触素材とオノマトペの主観的な適合性を，いくつかのオノマトペの位置を移動させた前後で，評価する。触素材マップで使用した50素材に対して，マップ作成時に用いた評定値でクラスタ分析を行い，50素材を表4.12の15の素材領域（図4.5参照）に分割し，それぞれの領域での適合性を評価した。クラスタ分析はウォード法を使用し，最初の分岐の距離の10%まで分岐を行った。

被験者は，19～24歳の大学生・大学院生30名（男女各15名，平均21.7歳）であった。はじめに，予備調査として，被験者が50素材に対してどのようなオノマトペを使用するか調べるため，各被験者に50素材に順に触れてもらい，それらを表すオノマトペを答えてもらった。その回答結果（30名×50素材）から，回答の多かった10個のオノマトペ（サラサラ（A領域周辺が初期位置），ツルツル（B），スベスベ（B），フワフワ（C），プニプニ（D），ペタペタ（E，F，G，H中間），ベタベタ（I，J中間），ボコボコ（I，J中間），ザラザラ（M），チクチク（L，M中間））を移動するオノマトペとして選定した。つぎに，評価実験として，それら10個のオノマトペをシステム上で移動する前後で，15の素材領域に対して適合性を5段階（合っている（いない）：+2（−2），やや合っている（いない）：+1（−1），どちらともいえない：0）で回答した。

被験者の評価実験の実施時間は各人30分以内であった。**表4.13**の2列目に移動前の評価平均値，3列目に移動後の評価平均値を示す。

移動前の時点でもマップ被験者30名全体の評価平均が0.62と，すでにある程度の適合性があったが，移動後のマップ全体の評価平均は1.02と改善

表 4.13 移動前と移動後の素材領域の評価平均値

素材領域： 代表素材（素材数）	移動前の 評価値平均	移動後の 評価値平均 （標準偏差）
A：シルク（6）	1.03	1.53*
B：アルマイト（5）	1.06	1.40
C：ゴム（3）	0.70	0.93
D：ジェル（3）	0.90	0.93
E：スライム（4）	−0.03	1.20*
F：粘着テープ（1）	−0.60	0.33*
G：ゲルシート（2）	0.53	1.00
H：ゲル玉入り（1）	0.26	0.96*
I：ファー（5）	−0.03	0.83*
J：防振パッド（1）	0.83	1.13
K：たわし（4）	1.56	1.80
L：ビーズ（6）	0.90	0.66
M：金網（1）	0.46	0.56
N：乾燥革（5）	0.80	0.96
O：和紙（4）	0.93	0.96
平　均	0.62	1.02

*：$p < 0.05$

し，システムの妥当性が示唆された．

　各領域において，移動前後の評価値平均を比較するため，主観との適合度評価に関して，移動前後の評価と領域を要因とする 2×15 の 2 要因被験者内分散分析を実施した．その結果，使用前後の評価要因と領域要因の主効果（使用前後：$F(1, 29) = 20.27$, $p < .001$；領域：$F(14, 406) = 9.69$, $p < .001$），および交互作用（$F(14, 406) = 2.71$, $p < .001$）が見られた．つまり，全体としてシステム使用後には適合度は上昇したが，領域ごとには差があった．領域ごとに，適合度評価の違いを詳細に検討するため，有意水準5%で単純主効果の検定を実施したところ，A，E，F，H，I 領域で有意に移動後の適合度評価が高かった．ただし，L と O の 2 領域では有意ではないが，評価値平均が移動後のほうが低くなっていた．これは，移動させる 10 個のオノマトペの初期位置

がLとO領域周辺には少なかったということが考えられた。これらの実験結果から，本システムによって，個人の主観をより反映したオノマトペの配置を得ることができることがわかった。

　ユーザが2次元マップ上に配置された複数のオノマトペを自由に操作し，そのオノマトペで表すのに最も適していると感じる素材へと移動・保存し，個人の感性空間を可視化できるシステムについて解説を行った。少数のオノマトペを操作するだけで，他のオノマトペも類似度分だけ移動するアルゴリズムにより，評価時間が短縮でき，長時間の複雑な実験が困難な高齢者や年少者にとっても負担の少ない手法を実現している。このシステムにより，個人の感じ方の違いをより微細に把握し，年齢などによって感覚が異なりうる人のイメージを尊重し，寄り添い，コミュニケーションを支援することが可能になる。

4.6　遺伝的アルゴリズムのオノマトペへの適用

4.6.1　遺伝的アルゴリズム

　4.3節で解説したオノマトペ自体の印象を推定することは，日本人ならさほど難しくないが，人に与えたい印象を与えられるオノマトペをつくることについては，いわゆる「生みの苦しみ」がある。そこで，「モフモフ」のような新しいオノマトペを生むことのできるシステムも開発した。本節で解説するシステムは，新商品の広告コピーや，小説や歌詞，コミックなどでのオノマトペの創作支援などでの活用を念頭において開発したが，感性を表現する新しいオノマトペの創作支援として幅広く活用できる。新しいオノマトペを創出するときに，日本語に含まれるすべての子音・母音・オノマトペ特有の形態を自由に組み合わせるとした場合，モーラ数が増えるに従って組合せ数は膨大な数となる。そこで，確率的探索を行うことにより，全探索が不可能と考えられるほどの広大な解空間をもつ問題に有効であることが知られている，進化的計算の一つである遺伝的アルゴリズムを用いることとした。

　遺伝的アルゴリズム（genetic algorithm，**GA**）は，1975年にミシガン大学

のジョン・ホランド（John Holland）が，ダーウィンの進化論を基にして考案したものである．チャールズ・ダーウィン（Charles Darwin）は，1831年から1836年にかけてビーグル号で地球1周する航海を行って，航海中に各地のさまざまな動植物の違いから動植物の変化の適応について新しい着想をもち，自然選択による進化理論を基に，1859年に『種の起源』と題する本を出版したことで有名である．ダーウィンの進化論の中の重要な点は，自然淘汰（自然選択）説と呼ばれるもので，以下のようにまとめられる：

　　生物がもつ性質は，同種であっても個体間に違いがあり，そのうちの一部は親から子に伝えられたものである．環境への適応に有利な形質をもつ個体がより多くの子孫を残すことができ，劣等な形質をもつ個体は淘汰される．また，個体は突然変異を起こす場合があり，突然優秀な個体が生まれることもある．これを繰り返すことで進化する．

「優秀な個体＝よい解答」と見立てて，進化の手法を使って最適な解答をコンピュータに見つけ出させるというのが，今回の遺伝的アルゴリズムによる手法である．

遺伝的アルゴリズムは，無限にありうる答えの中から，最もよさそうな答えを見つけ出したり，つくり出したりすることが得意である．遺伝的アルゴリズムは，おおよそ以下の手順で実装される：

手順①：N個の個体をランダムに生成する．
手順②：目的に応じた評価関数で，生成された各個体の適応度をそれぞれ計算する．
手順③：所定の確率で，つぎの三つの動作のいずれかを行って，その結果をつぎの世代に保存する．
　　・個体を二つ選択して交叉を行う．
　　・個体を一つ選択して突然変異を行う．
　　・個体を一つ選択してそのままコピーする．

手順④:次世代の個体数が N 個になるまで上の動作を繰り返す。

手順⑤:次世代の個体数が N 個になったら,それらをすべて現世代とする。

手順⑥:③以降の手順を所定の世代数まで繰り返し,最終的に,最も適応度の高い個体を解として出力する。

遺伝的アルゴリズムは,ゲームや株取引,飛行経路の最適化,航空機の翼の大きさの最適化など,さまざまなことに用いられている。

筆者の研究室では,この「遺伝的アルゴリズム」を応用して,「オノマトペ生成システム」を開発した。これにより,コンピュータが,人が表したい感性の創作支援をすることが可能になった。以下では,文献18)〔清水祐一郎,土斐崎龍一,鍵谷龍樹,坂本真樹:ユーザの感性的印象に適合したオノマトペを生成するシステム,人工知能学会論文誌,**30**(1),pp. 319-330 (2015)〕に基づき,オノマトペ生成システムについて解説する。

4.6.2 オノマトペ生成システム構築手順

生成システムが用いる生成の手法を,オノマトペの生成の流れに沿って解説する。

〔1〕 **オノマトペ初期個体群の生成** オノマトペ表現を遺伝的アルゴリズムへと適用するために,遺伝子個体を模した数値配列によってオノマトペ表現を扱うこととした。**表4.14**に示すオノマトペ遺伝子個体の配列は,17列の整数値データ(0から9までの値をとる)からなり,それぞれのデータがオノマトペを構成する音韻や形態の要素を表す。

ここで,撥音とは「ン」,促音とは「ッ」,長音とは「ー」に相当する。「語末リ」とは,2モーラ目に付与される語末の「リ」(「サラリ」「フンワリ」などの「リ」)に相当する。オノマトペに特有の要素である,撥音・促音・長音・語末の「リ」については,表に示すように,20%の確率で"あり",80%の確率で"なし"と決定されるように設定した。これは,4.2節で紹介した触感覚をオノマトペで表現する実験において,被験者が最初に回答したオノマトペのうち84.5%がABAB型(2モーラ音が繰り返される形式)のものであっ

4.6 遺伝的アルゴリズムのオノマトペへの適用

表 4.14 オノマトペの遺伝子個体配列の構成[18]

列	構成要素		列の数値と構成要素の種類・有無									
			0	1	2	3	4	5	6	7	8	9
1	モーラ数		1	1	1	1	1	2	2	2	2	2
2	反復		−	−	−	−	−	−	−	−	−	あり
3	第1モーラ	子音	−	k	s	t	n	h	m	y	r	w
4		濁音	−	−	−	−	−	−	−	−	−	あり
5		拗音	−	−	−	−	−	−	−	−	−	あり
6		母音	a	a	i	i	u	u	e	e	o	o
7		長音	−	−	−	−	−	−	−	−	−	あり
8		撥音	−	−	−	−	−	−	−	−	−	あり
9		促音	−	−	−	−	−	−	−	−	−	あり
10	第2モーラ	子音	−	k	s	t	n	h	m	y	r	w
11		濁音	−	−	−	−	−	−	−	−	−	あり
12		拗音	−	−	−	−	−	−	−	−	−	あり
13		母音	a	a	i	i	u	u	e	e	o	o
14		語末リ	−	−	−	−	−	−	−	−	−	あり
15		長音	−	−	−	−	−	−	−	−	−	あり
16		撥音	−	−	−	−	−	−	−	−	−	あり
17		促音	−	−	−	−	−	−	−	−	−	あり

たことから，ABAB型のようなオノマトペがより典型的な形態であると考え，生成時に撥音・促音・長音・語末の「リ」の形態の出現をやや抑えるよう意図したためである．

　初期個体群には，無作為な数値列データとして生成された個体の他に，慣習的なオノマトペ表現として生成された個体を追加することもできることにした．慣習的なオノマトペには，4.3節のオノマトペ感性評価システムでも用いたABAB型のオノマトペ（例として「サラサラ」），およびAB型にオノマトペに特徴的な形態を付与したオノマトペ（例として「ネッチョリ」）の全312語のうち，ユーザが任意で指定した数を使用することができる．この理由としては，実際に人が新しいオノマトペを創作する際，慣習的なオノマトペの知識が利用されていると考えられるからである．例えば，「モフモフ」という新たに

創作されたオノマトペは，慣習的なオノマトペである「フワフワ」や「モワモワ」などの知識に基づいている可能性がある。

〔2〕 **最適化手法**　オノマトペの最適化は，初期状態で生成された初期個体群を，遺伝的アルゴリズムによって，ユーザが入力した印象評価値を目的として選択・淘汰していくことで実現される。遺伝的アルゴリズムのおおまかな流れを**図 4.8**に示す。遺伝的アルゴリズムでは，アルゴリズム内における世代ごとに，入力印象評価値との各個体の印象評価値の類似度を算出し，より類似度の低い，すなわちユーザの印象により適合しない個体を淘汰していく。こうして世代ごとに自然淘汰を繰り返すことにより，最終的に残る個体群すなわちオノマトペ表現の集まりは，ユーザの入力した印象に適合した表現となることが期待される。

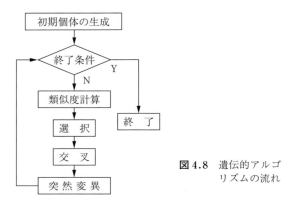

図 4.8　遺伝的アルゴリズムの流れ

ここで，生成された個々のオノマトペ表現を，**オノマトペ感性評価システム**で解析することにより，個々のオノマトペの印象評価値を得る。

ユーザが 43 対の評価尺度で入力した印象評価値と，各オノマトペ個体について計算された印象評価値との類似度の計算には，**コサイン類似度**を用いる。ユーザが入力した印象評価値と，各オノマトペ個体の印象評価値とをそれぞれベクトルと考え，両者のベクトルのコサイン類似度を求め，より値の大きなものをより印象に適合した個体とする。ここで，ベクトル u をユーザ入力の印

象評価値ベクトルとし，u_n を各印象評価値，ベクトル x をオノマトペ個体群内のオノマトペ表現の印象評価値ベクトル，x_n をその各印象評価値とするとき，コサイン類似度 S は式（4.4）で求められる．

$$S = \frac{\boldsymbol{u} \cdot \boldsymbol{x}}{|\boldsymbol{u}||\boldsymbol{x}|} = \frac{\sum u_n x_n}{\sqrt{\sum u_n^2}\sqrt{\sum x_n^2}} \tag{4.4}$$

以上の類似度関数は遺伝的アルゴリズムの世代ごとに実行され，オノマトペ個体群の各個体それぞれの類似度が計算される．

〔3〕 **選択・淘汰の処理**　遺伝的アルゴリズムでは，各世代の遺伝子個体の淘汰の方法として，類似度を基にした選択・交叉・突然変異を一定の確率で行う．これは，類似度の高い遺伝子個体がつぎの世代に残るように親となる個体を選択し，交叉によって子となる個体を生み出す操作である．ここでは，まず親世代をコピーした子世代を用意する．つぎに，親世代個体群の中から二つを親個体として選択して，それらを基に新たに子個体を二つ生成したのち，子世代個体群のうちで類似度の最も低い個体二つをその新たに生成した子個体二つと置き換えることで，類似度の低い個体を淘汰する．選択の処理は，1世代に1回，ユーザが指定した確率によって実行される．

親個体を選択する手法として，類似度に比例した選択（**ルーレット選択**）を行う（**図 4.9**）．これは，類似度計算で得られた全個体の類似度を用いて，ある遺伝子個体が親として選択される確率を，その個体の類似度に比例させる手法である．

ここで，ある個体 x の類似度を S_x としたとき，全 N 個体の中から個体 x が選択される確率 P_x を式（4.5）のように定める．

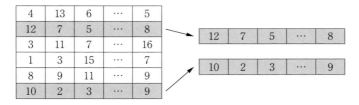

図 4.9　選択の方法（ルーレット選択の場合）

$$P_x = \frac{S_x}{\sum_{i=1}^{N} S_i} \tag{4.5}$$

この方法では，類似度が高い個体であるほど親として選択される確率が高まるため，オノマトペ個体群全体として類似度が高くなることが期待できる。子となる個体は，親個体の交叉によって生成される（**図 4.10**）。遺伝子個体の交叉とは，選択によって選ばれた親個体の遺伝子配列の一部をとり，そこから子個体の遺伝子配列を新たにつくり出す操作のことをいう。今回は交叉の手法として，遺伝子配列上の無作為な位置に交叉点をとり，その前後で親個体の遺伝子配列を入れ替える**一点交叉**の手法を採用した。一点交叉により，オノマトペを構成する特徴がある程度のまとまりとして受け継がれやすくなる。例えば，「フワフワ」の「ワ」の部分や，「ドンヨリ」の「ヨリ」の部分など，交叉の処理によって親個体に含まれる特徴が子個体に受け継がれやすくなると考えられる。

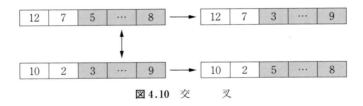

図 4.10 交　叉

最後に，以上で述べた選択・交叉の処理とは別に，一定確率で遺伝子個体の突然変異が行われる（**図 4.11**）。突然変異とは，一定の確率で遺伝子個体に無作為な変化を与えることで，その時点でのオノマトペ群には存在しない特性をもちうる遺伝子個体を新たに生じさせる操作である。突然変異の導入により，新奇性があり，変化に富んだオノマトペ表現の候補が生成できると考えられる。

図 4.11 突然変異

4.6.3 オノマトペ生成システムの実装

ユーザの入力した印象に適合するオノマトペ表現の生成システムを，以上の手法を用いて開発した．図 4.12 に示すように，画面上部の，43 対の両極評価尺度に対応するスライダによって任意の印象評価値を入力し，生成処理を実行すると，画面右下部のテーブルに生成されたオノマトペ表現とその類似度が出力される．また，画面左下部の条件入力フォームにおいて，生成処理におけるパラメータを変更することができる．変更できるパラメータは，初期個体に使用する慣習的なオノマトペの個数，遺伝的アルゴリズムで使用するオノマトペの全個体数，生成処理の終了条件，交叉の発生確率，突然変異の発生確率の五つである．印象評価値を入力する評価尺度スライダは，ユーザが目的に応じて必要な評価尺度のみを任意に選定できるようにした．ユーザが有効・無効を切り替えることによって，無効となっている評価尺度は生成処理中の個体類似度の計算において考慮されないようにした．

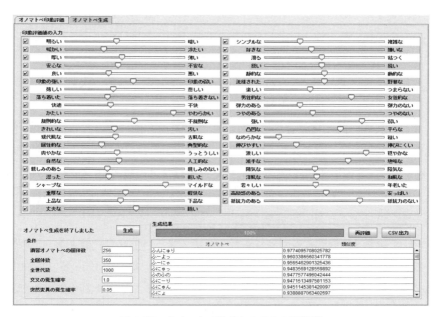

図 4.12 オノマトペ生成システムの実行例

なお，オノマトペ表現の生成システムは，オノマトペの印象評価システムと統合されている．あるオノマトペの印象を感性評価システムで出力し，その評価値を生成システムに送り，ユーザが任意に評価値を編集して，新しいオノマトペを生成するなど，感性評価システムと生成システムの連携も可能である．

4.6.4 オノマトペ生成システムの有効性

本研究で提案するオノマトペ生成手法によって，ユーザの印象に適合したオノマトペが生成されることを示すために，二つの実験を実施した．実験1では，オノマトペ生成システムによって，人の直感的な印象に適合したオノマトペを生成できるかを検討することを目的とした．すなわち，被験者に目的とする印象評価値を入力してもらい，その印象に適合したオノマトペが生成されたかどうか主観評価を行ってもらう実験を行った．また実験2は，オノマトペの印象評価システムと組み合わせることで，より被験者のイメージに合ったオノマトペを探索する活用法の有効性を検討するために行った．ここで，オノマトペの生成過程で新奇性を追求した結果，意味不明の文字列が生成されてしまってはオノマトペの生成システムとはならないため，実験2においては「新奇度」に加えて「理解度」の評定も求めることとした．なお，実験1と実験2は，それぞれ異なる被験者を対象とした．

なお，実験時間と被験者負担を考慮し，43対の評価尺度のうち，視覚・触覚領域に関連が強いと考えられる8対と，感性領域に関連が強いと考えられる8対を選定し，実験に用いた．選定した尺度は後述の表4.15（最左の列）のとおりである．これらの尺度対は，被験者の解釈が揺るがず，印象を明確に定めやすいと考えられるものを選んだ．

〔1〕 **実験1：被験者の印象に適合したオノマトペ生成の評価実験** 実験の被験者は，日本語を母語とする21歳から29歳までの学生18名（男性12名・女性6名）である．実験は，オノマトペの生成システムを動作させた計算機上で実施した．オノマトペの生成処理においては，全オノマトペ個体数を312語とし，慣習的なオノマトペを初期個体として使用する数を312語とし

4.6 遺伝的アルゴリズムのオノマトペへの適用

た。事前の試行によって，約1000世代の処理において類似度が0.9を超えるものがおおよそ現れると判断したことから，実験時に生成処理が終了する世代数を1000世代に固定した。また，実験実施の際のパラメータとして，交叉確率は100％，突然変異確率は5％とした。

　まず被験者には，16尺度に対する印象評価値を自由に入力させた。その際，動かす評価値の数，評価値を動かす幅は自由であることを伝えた。その評価値を入力として，オノマトペの生成処理を実行した。オノマトペの生成処理が終了した後，生成されたオノマトペのうちで最も類似度の高いオノマトペが印象評価値に適合しているかについて，被験者に7件法で評価させた。ここで7件法とは，「まったくあてはまらない」を1,「とてもあてはまる」を7,「どちらともいえない」を4,の全7段階による評価のことである。さらに被験者には，生成されたオノマトペのうち，類似度上位三つのオノマトペに関して，最も印象評価値に近いと思うものを選択させた。以上の手順を，各被験者について5回ずつ行った。

　実験の結果，試行回数5回×被験者18名＝全90個の回答を得た。全90個の評価値の平均は4.54,標準偏差は1.74となり，生成システムは印象評価値にある程度当てはまるオノマトペを生成している，と評価されたことが示された。

　また，類似度上位3個のオノマトペのうち，類似度が最も高いオノマトペが印象評価値と最も当てはまると評価された回答が全90個中35件，類似度が2番目に高いオノマトペが印象評価値と最も当てはまると評価された回答全90個中30件，類似度が3番目に高いオノマトペが印象評価値と最も当てはまると評価された回答が全90個中25件であった。このことから，類似度上位三つのオノマトペに関して，類似度が高いオノマトペほど，被験者の印象と適合しやすい傾向にあることがわかった。

　以上の結果から，生成システムは，人の直感的な印象に適合したオノマトペを生成できることが示された。

〔2〕　**実験2**：印象評価システムと組み合わせた探索可能性の評価実験

実験の被験者は，日本語を母語とする20歳から25歳までの学生15名（男性8名・女性7名）である．オノマトペの生成システム・感性評価システムを動作させた計算機上で実施した．オノマトペの生成処理においては，全オノマトペ個体数を312語とした．この全個体312語のうち，慣習的なオノマトペを初期個体として使用する数を，つぎの3通りとした．

- 条件1：312語使用（100%）
- 条件2：156語使用（50%）
- 条件3：使用しない（0%）

生成処理の遺伝的アルゴリズムは，実験時間を考慮して一定の世代数が経過したときに終了するものとした．実験1と同様に，実験時に生成処理が終了する世代数を1 000世代に固定した．また，交叉確率は100%，突然変異確率は5%とした．以上から，被験者1人当りのオノマトペ生成における条件は，オノマトペ3語×慣習語数3通り＝9通りとなる．

被験者にはおのおの，最初に3語のオノマトペを任意で決めてもらい，各オノマトペについて，以下の手順で実験を実施した．

まず，被験者の決めたオノマトペを感性評価システムに入力してもらい，評価値を取得した．このとき得られたオノマトペの印象評価値について，もっと強調したい印象を決めてもらい，被験者の任意で少なくとも一つ以上の評価値に変更を加えてもらった．印象評価値を変更させるときには，両極評価尺度の中央を基準に，評価値の程度を強調させる方向にのみ変更させた．すなわち，評価尺度のスライダを中央方向へ動かしたり，中央を越えて逆側に動かしたりするのではなく，外側方向にのみ動かすよう被験者に指示した．例えば，「フワフワ」というオノマトペに対して，出力された印象評価結果に対して，もっと「暖かい」印象に近づけたいという場合は，「暖かい─冷たい」尺度において，より「暖かい」極に近づくようにスライダを移動してもらった．その評価値を入力として，オノマトペの生成処理を実行した．

被験者が最初に入力したオノマトペとその印象評価値，そして変更後の印象評価値の例を**表4.15**に示す．被験者が変更を加えた評価値に下線を付した．

表 4.15 被験者が使用したオノマトペと変更した評価値の例[18]

尺度	くてん 前	くてん 後	しゃらしゃら 前	しゃらしゃら 後	ぽふぽふ 前	ぽふぽふ 後
明るい―暗い	3.86	3.86	2.88	2.88	2.59	2.59
暖かい―冷たい	4.44	5.91	4.98	6.15	3.08	3.08
安心な―不安な	4.02	4.02	4.10	4.10	3.39	3.39
快適―不快	4.44	4.44	3.66	3.66	2.97	2.97
かたい―やわらかい	4.15	4.94	3.77	3.77	6.09	6.09
親しみのある―親しみのない	3.64	3.64	3.71	3.71	2.65	1.67
湿った―乾いた	3.67	3.67	5.42	6.15	4.29	4.29
好きな―嫌いな	4.42	4.42	3.68	3.68	2.88	1.97
滑る―粘つく	2.88	1.88	2.57	1.55	3.64	3.64
楽しい―つまらない	4.08	4.08	3.38	3.38	2.89	1.85
男性的な―女性的な	4.00	4.00	4.36	5.33	5.29	6.24
弾力のある―弾力のない	3.73	2.37	6.06	6.06	3.53	2.33
つやのある―つやのない	3.10	1.70	3.85	3.85	3.76	3.76
凸凹な―平らな	4.85	4.85	4.36	4.36	3.65	3.65
なめらかな―粗い	3.43	3.43	4.13	4.13	3.09	3.09
高級感のある―安っぽい	4.31	4.31	4.17	4.17	4.04	4.04

　オノマトペの生成処理が終了した後，被験者には生成されたオノマトペのうち最も類似度の高いものに対して，理解度（生成オノマトペの印象や意味がどの程度わかりやすいか），新奇度（生成オノマトペがどの程度独創的・斬新なものに感じるか），の二つの項目について主観的な評価をしてもらった．この2項目のそれぞれについて，「まったくあてはまらない」を1，「とてもあてはまる」を7，「どちらともいえない」を4，の7段階とし，7件法によって評価させた．

　以下，生成されたオノマトペのうち最も類似度の高いものを生成オノマトペの代表として，その印象評価値を分析に用いることにした．

　各被験者が変更を加えた評価尺度について，変更前の印象評価値と，生成されたオノマトペの印象評価値を比較し，生成されたオノマトペの印象が被験者の意図した方向に動いているかを確認した．全被験者が変更を加えた評価尺度

は，すべての条件において延べ351尺度であった．一方，すべての生成されたオノマトペについて，被験者が変更を加えた方向と同じ方向に向かってより強調されている印象となった評価尺度は，すべての条件において述べ256個となった．よって，約72.9％の評価尺度が被験者の意図した方向に動いたことがわかった．

さらに，被験者が変更しなかった尺度も含めて，全体として，被験者が意図した印象のものが生成されているのかを確認するために，以下の分析を行った．まず，各被験者が最初に決定した3語のオノマトペの各印象評価値と，それらの印象評価値を基に被験者が変更した各印象評価値との相関係数を求めた．すなわち，オノマトペ i（$i=1, 2, 3$）について，評価尺度 j（$j=1, 2, ..., 16$）における i の印象評価値を x_{ij}，i の印象評価値から被験者が変更した評価値を y_{ij} として，オノマトペ i における変数 x と y に関する Pearson の積率相関係数を求めた．

つぎに，各被験者が3語のオノマトペの印象評価値を基に変更した各印象評価値と，生成されたオノマトペの各印象評価値との相関係数を，上記と同様にして，慣習的オノマトペの使用数の条件ごとに求めた．各被験者が実験に用いたオノマトペと，上記で求めた相関係数の結果の一部を，**表4.16** に示す．

表4.15より，最初に決定したオノマトペの印象評価値（評価尺度変更前）よりも，生成システムによって生成されたオノマトペの印象評価値（生成後）のほうが，印象評価値を変更した後の評価値との相関が高いことがわかる．この結果から，本研究のオノマトペ生成システムによって，ユーザの印象に適合したオノマトペが生成できることが示された．

本章では，オノマトペが表す感性的印象を定量化する手法を応用して，オノマトペを生成する手法を考案した．その結果，ユーザの入力した43対の形容詞評価尺度上の印象評価値に適合した音素と形態をもち，かつオノマトペとしての一般的な構造を保った表現の候補を複数パターン生成し，ユーザに提示するオノマトペの生成システムを実現することができた．また生成処理のパラ

4.6 遺伝的アルゴリズムのオノマトペへの適用

表 4.16 被験者が意図した評価値と生成されたオノマトペの評価値の相関[18]

被験者	被験者が意図した評価値と，初期オノマトペ評価値の相関	オノマトペ1 被験者が意図した評価値と，生成されたオノマトペの評価値の相関		
		生成後 慣習312語	生成後 慣習156語	生成後 慣習0語
1	がらがら 0.945	がらっ 0.951	がらっ 0.951	がさっ 0.946
2	かんかん 0.714	ひば 0.850	かほ 0.836	ひば 0.850
3	きらきら 0.945	しくっしくっ 0.967	しくっしくっ 0.967	しくっしくっ 0.967
4	かしょかしょ 0.942	しごしご 0.958	きしゃ 0.952	きしゃ 0.952
5	むしむし 0.948	むんざ 0.951	むんざ 0.951	もりー 0.920
6	がさがさ 0.881	びり 0.931	ぎしん 0.919	びり 0.931
7	かちかち 0.921	かたかた 0.957	かたかた 0.957	きょんすり 0.952
8	すべすべ 0.821	とんりゅ 0.935	くおっくおっ 0.913	すおっすおっ 0.899
9	ごつごつ 0.991	ごだり 0.987	ごぢりっ 0.986	ごだり 0.987
10	じゃわじゃわ 0.963	じゃわりじゃわり 0.969	じゃわじゃわ 0.963	じゃわりじゃわり 0.969
11	いそいそ 0.801	がさーっがさーっ 0.928	がさーがさー 0.934	ざしーっざしーっ 0.937
12	きらきら 0.837	きくんきくん 0.935	きくんきくん 0.935	きゃらっきゃらっ 0.919
13	ごろごろ 0.971	ぐざりっ 0.980	ぐざりぐざり 0.979	ぐざりっ 0.980
14	ぴゅー 0.980	ぴゅーりぴゅーり 0.969	ぴゅっうんぴゅっうん 0.961	ぴょー 0.982
15	くてん 0.866	くてん 0.866	しゅてん 0.854	しゅてん 0.854

メータを適宜設定することによって,ユーザにとって印象が理解しやすいオノマトペや,新奇性のある印象のオノマトペを生成することも可能であることがわかった.

本研究で考案したオノマトペ生成手法および生成システムは,人間の行う感性的な処理をオノマトペというアプローチから計算機で処理する試みであるともいえ,オノマトペを用いるあらゆる分野への応用可能性があるといえる.特に,文学作品やコミック,広告など創造的なオノマトペが多用される分野で活用が期待できる.オノマトペ表現の生成システムの概要は図 4.13 に示すように,印象評価システムと統合されている.あるオノマトペの印象を印象評価システムで出力し,その印象評価値を生成システムに送り,ユーザが任意に評価値を編集して,新しいオノマトペを生成するなど,印象評価システムと生成システムの連携も可能である.オノマトペ感性評価システムとオノマトペ生成システム,これら二つのシステムによって,ユーザの表現したいイメージに当てはまり,新奇性のあるオノマトペ表現の創作を有効に支援することができると考える.

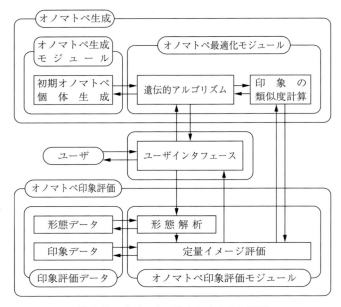

図 4.13　オノマトペ生成システムの概要

5 自然言語の感性情報処理

オノマトペだけでなく，さまざまな言葉から感性情報を抽出できることが望ましい。そこで，本章では自然言語全般からの感性情報抽出手法について紹介する[1),9),10),22),23)]。

5.1 自然言語処理

5.1.1 自然言語処理とは

自然言語とは，人間が日常で用いている日本語や英語といった言葉である。コンピュータのプログラミング言語のような「人工言語」との対比で「自然言語」という言葉が使われている。

自然言語処理は，コンピュータに自然言語を処理させるすべての基幹技術と応用技術のことをいう。自然言語処理は，コンピュータが登場した1946年ごろから，機械を用いて自動翻訳ができないか，といった需要により始まったとされている。1950年代に軍事用の機械翻訳が最初に出現した後，1970年代以降に目覚しく発展した。日本においては，1960年代までコンピュータが出力する文字はローマ字かカタカナだけであったため，コンピュータで漢字が使えるようになることが課題であった。ようやく1978年に，仮名漢字変換機能を備えた日本語ワードプロセッサが登場した。仮名漢字変換技術により，日本でのコンピュータによる自然言語処理は1980年代に急速に発展した。

1990年代に入ると，インターネットが急速に普及し，自然言語処理を応用した全文検索技術が発達した。膨大な文章からキーワードを抽出する情報検

索・情報抽出の研究の重要性が高まった。

そのような中で，大規模な辞書や自然言語のデータの集合体である**コーパス**が大きな役割を果たすようになった。

5.1.2 自然言語処理基礎

コンピュータによる自然言語処理には大きく分けて二つの処理がある。

一つは，入力として与えられた言語表現（文字列）を解析し，その言語表現が表す意味内容をコンピュータの内部表現に変換する処理である。このような処理を**言語解析**（language analysis）あるいは**言語理解**（language understanding）という。

もう一つは，コンピュータの内部表現を入力として，それを表す言語表現をつくり出す処理で，**言語生成**（language generation）と呼ばれる。

本書では，自然言語から感性情報を抽出する方法について解説するが，言語解析に関する基礎技術にはつぎのものがある。

〔1〕 **形態素解析**　入力として与えられた文字列を，意味をもつ最小単位である「形態素」の列に変換する処理を**形態素解析**という。例えば，英語の単語 "dogs" は，二つの形態素 "dog" と "s" から構成されている。"dog" は「犬」を表し，"s" の部分は複数であることを表す。

形態素解析では，形態素の同定と形態素の品詞の同定の二つの処理を行う。

英語のように語と語の間に空白などの区切り記号を挿入する言語では，語の境界は明白であるため，"dogs" の例のように，語がどのような形態素から構成されているかを同定すればよい。

しかし，日本語のように，明白な区切り記号がない言語の場合，入力文字列がさまざまな解析をされる可能性がある。

例えば，「にわにはにわとりがいる」という文は

① 庭/には/鶏/が/いる

② 庭/には/二/羽/鳥/が/いる

③ 庭/に/埴輪/取り/が/いる

④ 庭/に/埴輪/と/李/が/いる

などさまざまな可能性がある。もっとありうるかもしれないが，分割箇所が1箇所違うだけで，文の意味がまったく異なる。

通常人間であれば，①と②の可能性は考えるが，③はよほど特殊な文脈でなければ思いつかないであろうし，④は常識的にあり得ないと判断するであろう。しかし，コンピュータに常識をもたせることや，この言葉が使われている場面や前後の話の流れなどの文脈を考慮させるのは難しい。

コンピュータに入力文字列の形態素や語の境界を同定する処理は**セグメンテーション**（segmentation）と呼ばれるが，このようなセグメンテーションは，入力文字列とコンピュータ側の辞書の見出しとの一致をとることで行われる。形態素解析に用いられる辞書には，「形態素の見出し」，「読み」，「品詞」，「連接」という情報が含まれる。人の頭の中の知識に相当する部分であるため，これらの情報はコンピュータが文を理解する上で非常に重要である。

代表的な形態素解析辞書には以下のものがある。

① **JUMAN**：京都大学黒橋・河原研究室で開発された日本語形態素解析ソフト　学校文法が計算機向きではないという問題を考慮し，使用者によって文法の定義，単語間の接続関係の定義などを容易に変更できるように配慮したもの。研究室のHP（http://nlp.ist.i.kyoto-u.ac.jp/index.php?JUMAN　2017年12月22日アクセス）によれば

　　非反復形オノマトペ，長音記号による非標準表記，長音記号・小書き文字を用いた長音化の自動認識，Wikipediaから抽出した辞書の追加，自動辞書（Webテキストから自動獲得した辞書）の改良を行っている。

上記HPによれば

　カサつく

　ビミョーだ

　がんがる

　アジャイルだ

　爽健美茶

ThinkPad

と入力すると，元の表現形，読み方，基本形，品詞とその詳細が例えばつぎのように出てくるとのことである（一部省略）。

　　　カサつく　カサつく　カサつく　動詞　子音動詞カ行
　　　ビミョーだ　ビミョーだ　ビミョーだ　形容詞　ナ形容詞
　　　がんがる　がんがる　がんがる　動詞　子音動詞ラ行
　　　アジャイルだ　アジャイルだ　アジャイルだ　形容詞　ナ形容詞
　　　爽健美茶　そうけんびちゃ　爽健美茶　名詞　普通名詞
　　　ThinkPad　シンクパッド　ThinkPad　名詞　普通名詞

② **ChaSen**：奈良先端科学技術大学院大学松本研究室で開発された日本語形態素解析ソフト

③ **MeCab**：ChaSenと開発元は同じであるが，さらに高速化されたもの

〔2〕　**統語解析**　　形態素解析によって品詞を付与された形態素や語の列を，句や節にまとめ，それらの間の文法的な関係を同定する処理である。

　統語解析することでどのような構造が得られるかは，解析に用いる文法に依存するが，一般的には句構造や依存構造を利用することが多い。句構造は，文のどの部分が一つの構成素にまとめられるかを表す階層的な構造をなす。依存構造は，「係り受け」と呼ばれる関係に着目する修飾語と被修飾語の関係を重視する。統語解析では，下位範疇化情報と呼ばれる情報などが用いられる。ある語が，主格，目的格などのどのような要素と結び付くかという情報である。例えば，「太郎は京都からお茶に合うお菓子を探しに来た。」という文の依存構造を考える場合，「京都から」の依存先としては「合う」と「探しに来る」という二つの述語が考えられるが，下位範疇化情報では，「合う」はカラ格をとらないため，「京都から」は「探しに来る」に依存することがわかったりする。

〔3〕　**意味解析**　　統語解析で抽出した語と語の文法的関係を手掛かりにして，意味解析では，文全体の意味構造を抽出する。意味構造を決定するために個々の語が表す概念を同定する処理と，それらの概念同士の関係を同定する処理が必要になる。語が表す概念としてどのようなものがあるか，概念同士の

関係としてどのようなものがあるかを明確にする必要があるが，このような情報を整理したものを**概念体系**あるいは**オントロジー**（ontology）という。

意味解析の結果として得られる意味構造は，コンピュータで処理できるように形式的に定義された知識表現形式，例えば次節でも言及する意味ネットワークなどで表現される。意味解析については次節でより詳しく紹介するが，語の意味を表現するための主要なアプローチとして以下の三つがある。

（a）**意味素性による分類**　語の基本的な意味を整理分類したものである。全般的な語を基本的な意味素性で分類しようとするアプローチである。例えば「学校」という名詞を，「場所」，「組織」といった基本的な素性で捉えるとき，「学校で勉強する」の「学校」は場所の意味であるが，「学校の説明が二転三転した」の「学校」は組織としての意味である。

（b）**概念識別子による分類**　一つ一つの語に，概念識別子を付与することで語の意味を捉えようとするアプローチである。「学校」という語に，「教育施設」と「教育を行う組織」という概念識別子を付与する，という点は意味素性によるアプローチと似ているが，意味素性が，一般的な意味素性で語を分類しようとするトップダウンアプローチであるのに対し，概念識別子は各語に固有の意味を付与するというボトムアップアプローチである点が異なる。

（c）**同義語の集合を利用した分類**　概念辞書は一般的に**シソーラス**（thesaurus）と呼ばれ，同義関係を中心に語を分類・整理している。日本語では，国立国語研究所で編集された分類語彙表などがある。分類語彙表では，名詞，動詞，形容詞，その他に対応する「体の類」，「用の類」，「相の類」，「その他の類」に分類し，それらをさらに下位分類している。例えば分類コード1.3010には「快・驚き・喜び」に関する名詞が集められているが，これに対応する他の類を見ると，2.3010には「気分・情緒」を表す動詞，3.3010には「驚き・楽しい・快」に関する形容詞や副詞が集められている。

同義語の集合で語の意味を表現しようとするアプローチをとっているものとして有名なのが，プリンストン大学の心理学者ジョージ・ミラーが構築したWordNetである。当初から電子化されており，コンピュータでの意味解析支

援を前提として構築されたものである．WordNet も，上述したその他の概念体系の辞書も，上位と下位の関係でつないだ階層に基づく情報構造となっている．そのため，任意の二つの概念の間の距離を計算するには，上位または下位へたどった枝の数を利用することになるため，自然言語処理での意味の計算手段として難しい面がある．以降，本書では，研究室で用いている感性情報抽出につながる手法を中心に解説する．

5.2 自然言語の意味解析

5.2.1 知識の集合体の記述

人間がもっている知識をどのように表現すればコンピュータが処理しやすくなるかといった研究は，コンピュータの登場以来盛んに行われてきた．特に，人工知能研究の初期から，**意味ネットワーク**（semantic network）と呼ばれる，人間が意味を記憶するときの構造を表すモデルに関する研究が行われている．「概念」をノードで表し，ノード同士をリンクで結び，ネットワーク化して表現するものである．この世界の知識は，このように概念をその関係性を使うことで記述されるという考え方である．

自然言語処理の分野では，1980 年代までは，自然言語文を処理するために必要な文法，辞書，シソーラスなどの言語知識は，人間が手作業で作成していた．しかし，1990 年代前後から計算機の処理能力や記憶装置の容量が飛躍的に拡大し，それに伴い，前節で紹介したさまざまな概念辞書研究と並び，有用なコーパスが整備されていった．

1990 年代の第 2 次人工知能ブームといわれた時代には，人間のもつすべての知識（一般常識）をコンピュータに入力しようとする研究が盛んに行われた．しかし，人間のもつ知識は膨大であり，それをすべて形式的に記述するのは気が遠くなるほどの作業であり，知識をいかに記述すればよいか，という方法論に関する研究が一つの研究分野となった．例えば，前述の概念体系（オントロジー）研究では，人間が考えて知識を記述していくという方法もありうる

が，インターネットが登場してからは，コンピュータにデータを読み込ませて自動で概念間の関係性を見つけさせようという研究が盛んである．コンピュータに自動で行わせるため，正確さよりも膨大なデータを効率的に取得するということを重視している．Web 上のデータを解析して知識を取り出す Web マイニングや，ビッグデータを分析して知識を取り出すデータマイニングにつながるものである．例えば，オンライン百科事典ウィキペディアのどのページからどのページにリンクが張られているかを統計処理し，それらを概念同士の関係性として表すものなどがある．

こうしたオントロジー研究は，**セマンティック Web**（semantic web）という研究として展開されている．セマンティック Web は，Web ページの意味を扱うことを可能にする標準やツール群の開発によって**ワールドワイド Web**（world wide web，**WWW**）の利便性を向上させるプロジェクトである．現在のワールドワイド Web 上のコンテンツは主に HTML で記述されている．HTML では文書構造を伝えることは可能だが，個々の単語の意味をはじめとする詳細な意味を伝えることはできない．これに対し，セマンティック Web は XML によって記述した文書に RDF や OWL を用いてタグを付け加える．データの意味を記述したタグによって文書の意味が形式化され，コンピュータによる自動的な情報の収集や分析が可能になると期待されている．

いずれにしても，コンピュータが利用できる形で知識を記述することができると，コンピュータの登場当初から求められていた機械翻訳の実現につながる．次節では，Web から直接知識を取り出そうとするのではなく，コーパスを活用した方法を中心に解説する．

5.2.2 コーパス

1990 年代以降，**コーパス**を利用した自然言語処理研究が盛んになっていった．コーパスを上手く活用すると，言語知識をコンピュータに獲得させられるだけでなく，五感や感性情報も付与することで，人間の感覚・感性もコンピュータに獲得させることができると期待される．コーパスの活用方法には大

きく分けてつぎの二つがある。

① 人手により言語情報が付与されていないコーパスを情報源として，より高次の新規の言語知識を獲得する方法

② 人手により言語情報が付与されたコーパスを教師データとして，教師データと同等の言語情報を付与する手法を活用した方法

両者の最大の違いは，教師データとなる情報が付与されたコーパスが利用できるかどうかということになるが，筆者の研究室では，ざっくりいうと，感性をコンピュータに獲得させるために，被験者実験を基に得た情報を教師データとしてコーパスに付与していく独自の方法を用いている。本節では，一般的なコーパスや基礎技術の解説をし，5.3節や7章でこの方法について詳解する。

コーパスは，数万文から数十万文の規模のものが必要とされるが，人的・時間的コストがかかるため，これをいかにして獲得するかが重要である。特に，感性情報処理研究においては，なくてはならないものといっても過言ではない。

〔1〕 **コーパスの種類** コンピュータが登場する以前は，言語学者などが，紙媒体で収集した書き言葉や話し言葉のデータを蓄積していた。このような電子化されていない言語データの蓄積もコーパスといえるが，現在は，「電子化して大量に蓄積された言語データ」を指して，「コーパス」と呼ぶことが多い。

電子化された言語データの集合体としての最初のコーパスとして有名なのは，1960年代にアメリカのブラウン大学で編纂された Brown Corpus である。収録語数は約100万語であり，億単位の収録語数を誇る大規模コーパスが利用される現在からすると非常に規模の小さいものであるが，「コーパス言語学」という新しい分野が登場する契機となったものである。その後，コンピュータの性能が飛躍的に向上し，格納できる言語データの規模が大きくなり，高速に処理できるようになったことで，多種多様なコーパスが活用されるようになった。

コーパスは，蓄積された言語データの質や収集方法，利用目的によって分類

できる。

（a）**言語データの質による違い**　新聞記事や小説などの出版物から収集した「書き言葉コーパス（テキストコーパス）」と，対話やインタビューなどを録音してテキスト化した「話し言葉コーパス（音声コーパス）」がある。

（b）**言語データの収集方法による違い**　あらかじめ設定した複数のジャンルから一定量の言語データをサンプリングすることで対象言語を代表する**サンプルコーパス**と，日々の言語データを継続して大量に収集する**モニターコーパス**がある。先ほどの Brown Corpus や，1990 年代に構築された British National Corpus（約 1 億語）はサンプルコーパスの代表例である。どのようにサンプリングすればその言語を代表するコーパスができるかという点が課題となる方法である。モニターコーパスの代表例としては，Bank of English があり，数億単位の語数が随時増えつづけている。

（c）**利用目的による違い**　汎用的な利用目的で構築される**汎用コーパス**と，特定の利用を想定して構築する**特殊目的コーパス**がある。前述のコーパスはすべて汎用的な利用を想定した汎用コーパスである。特定の利用を想定したコーパスとしては，母語の言語発達を研究するために幼児の発話を収集したコーパスや，外国語習得研究のために英語でのインタビューデータを収録した学習者用コーパス，機械翻訳の開発のために複数言語間の対訳データを収集したパラレルコーパスがある。

日本においては，子供の話し言葉コーパス，書き言葉コーパスのどちらもほとんど存在しないという問題を背景として，2004 年から 2005 年にかけて全国 4 950 校の小学校の Web サイトを調査し，公開されている作文について，各テキストが子供の書いたテキストであることや学年などの情報を確認の上，作文データの収集を行った[15]。収集したテキスト総数は 100 006，語数は 1 234 961 である。著作権処理の課題があり，そのときは，大人よりも子供の言語使用において豊富で多様な使用が観察されると予想されるオノマトペに着目し，その学年別の使用実態の推移について調査するという特殊目的で収集した。その結果，オノマトペの使用頻度は学年が上がるにつれ減少していくことが確認で

き，社会学的応用例として，子供と父母との関係性について調査し，父母とのやり取りとそれに対する子供の反応との関係性が，母親の場合のほうが強いことが示されるなど，本コーパスのさまざまな応用の可能性が示された。コーパスの量的情報の概要は以下のとおりである。

テキストのファイル形式はプレーンテキスト（.txt），使用文字コードはShift JIS，使用改行コードは CR-LF である。

学校数：265 校

	ファイル数	全体サイズ	平均サイズ（単位：byte）
全コーパス	10 006	8 608 382	860.32
学年別：1 年	481	279 812	581.73
2 年	407	274 336	674.04
3 年	1 517	1 078 260	710.78
4 年	1 846	1 643 838	890.49
5 年	2 324	2 083 749	896.62
6 年	3 172	2 988 372	942.11
合計	10 006 ファイル	8 608 382 byte	
性　別：男	2 642	2 292 309	867.64
女	3 023	2 810 319	929.65
記載なし	4 341	3 505 754	807.59
合計	10 006 ファイル	8 608 382 byte	

全形態素数：1 234 961

なお，形態素数の算出においては全テキストに対して形態素解析を行い，全形態素数を集計した。形態素解析には日本語形態素解析システムである茶筌（ChaSen）version 2.1 for Windows である WinCha を使用した。

〔2〕 **コーパスからの知識の獲得方法**　1990 年代から，コーパスからいかにして知識を獲得するか，といった研究が始められた。これについては前節で説明したとおりである。当初は辞書や人手で整備されたコーパスが用いられ

ていたが，2000年以降は新聞記事やWebから収集した言語テキストなど，人手による処理が入っていない言語資源が用いられるようになった。

知識獲得の研究が始まった初期には，コーパス中で数単語程度の近さで共起する二つの単語の間の相互情報量を計算し，相互情報量の値が大きい2単語の組を調査し，統計的な観点から意味のある言語現象を検出しようといったことが行われた。事象xとyの相互情報量$I(x, y)$の値は，xとyの共起の仕方に応じて，以下のような特徴となる。

① xとyが強く共起し，正の相関関係を示す場合は，$I(x, y) \gg 0$
② xとyの間に意味のある関係がない場合は，$I(x, y) \approx 0$
③ xとyが排反関係にあり，負の相関関係を示す場合は，$I(x, y) \ll 0$

コーパス中で単語xとyが共起するということは，事象xとyが共起するということであると考えると，単語の共起確率で，単語の近さ，類似度を測定することができるといえる。

単語間の類似度の測定方法として，同一の動詞と共起しやすい名詞の類似度は高いとする方法がある。具体的な手順は以下のとおりである。

手順①：コーパスから主語，動詞，目的語の3項組を抽出した結果を用いて，目的語の位置で測定した名詞と動詞との相互情報量C_{obj}，および主語の位置で測定した名詞と動詞との相互情報量C_{sbj}をそれぞれ計算する。

手順②：上記の相互情報量の値を用いて，動詞v_iの目的語の位置における名詞n_jおよびn_kの類似度$SIM_{obj}(v_i, n_j, n_k)$，および主語の位置における類似度$SIM_{subj}(v_i, n_j, n_k)$をそれぞれ計算する。

手順③：すべての動詞についてSIM_{subj}およびSIM_{obj}を足し合わせることにより，二つの名詞n_1とn_2の間の$SIM(n_1, n_2)$が計算される。

その他，同一の名詞と共起しやすい表現の類似度は高いとする方法もある。

このような方法を翻訳へ応用する場合は，2言語間での出現位置の相関が強いほど，それらの表現のペアは2言語間で対訳関係にある可能性が高い，という方法が用いられたりする。

その他，前述のように，Web上のテキストなど，人手による処理が入っていない文を自動的に収集して知識獲得を行おうとする研究もあるが，言語表現の品質の維持とノイズの除去が課題となる。

〔3〕 **コーパスへの情報の自動的付与**　コーパスへ自動的に情報を付加する研究では，英語でも日本語でも，単語や形態素の列を解析対象としたn**グラムモデル**が当初から用いられている。n**グラム**とは，ある単語およびその直前の$n-1$個の単語の合計n個の単語の組を指す表現である。また，n**グラムモデル**とは，ある単語の生起のモデル化において，直前の$n-1$個の単語のみを考慮するモデルである。実用上用いられるnグラムモデルは，直前の1単語のみ考慮するバイグラムモデルや直前の2単語のみを考慮するトライグラムモデルなどである。

1990年代前半からは，nグラムモデルおよびその拡張モデルに基づいて形態素解析モデルを自動学習する手法の研究が行われている。

5.2.3　潜在的意味解析

本節では，筆者の研究室で文書の意味の解析，大規模コーパス中の単語への意味の自動付与における基礎技術として用いている，たいへん便利な手法について解説する[23]。

〔1〕 **ベクトル空間モデル**　**ベクトル空間モデル**（vector space model）は，語彙の意味表現の幾何学モデルとして最もよく用いられる。筆者の研究室でも文書の意味の解析，大規模コーパス中の単語への意味の自動付与における基礎技術として用いており，たいへん便利な手法である。

ベクトル空間モデルは，1970年代にサルタン（Salton）により提案された文書を用いた情報検索における代表的なモデルである。最大の特徴は，文書および検索質問を多次元のベクトルで表現し，ベクトル間の類似度を計算することで，文書の類似検索ができる点である。文書を用いた情報検索において，文書と検索質問（検索により探し出したい文書）の両方を統一的な表現により表し，統一表現間で類似度を定義することで，似通った文書を探し出す方法とい

5.2 自然言語の意味解析

える。

　検索対象の**文書集合**を $D_1, D_2, ..., D_n$ としたとき，これらの文書全体を通して m 個の**索引語** $w_1, w_2, ..., w_m$ があるとする。このとき文書 D_j は，以下の文書ベクトル $\boldsymbol{d}_j$ で表される。

$$\text{文書ベクトル} \quad \boldsymbol{d}_j = \begin{bmatrix} d_{1j} \\ d_{2j} \\ \vdots \\ d_{mj} \end{bmatrix} \tag{5.1}$$

d_{ij} は索引語の重みであり，索引語の出現回数が要素となる。

　文書ベクトル $\boldsymbol{d}_i$ を用いて，文書集合は**索引語・文書行列** D として以下の $m \times n$ 行列で表される。また，索引語・文書行列の各行ベクトルは索引語ベクトルとして表される。

$$\text{索引語・文書行列} \quad D = \{\boldsymbol{d}_1, \boldsymbol{d}_2, ..., \boldsymbol{d}_n\} = \begin{bmatrix} d_{11} & d_{12} & \cdots & d_{1n} \\ d_{21} & d_{22} & \cdots & d_{2n} \\ \vdots & \vdots & \ddots & \vdots \\ d_{m1} & d_{m2} & \cdots & d_{mn} \end{bmatrix} \tag{5.2}$$

　つぎに，検索質問も文書ベクトルと同様に，索引語を要素として表現される。その際，索引語 w_i の重みを q_i とすると，**検索質問ベクトル** $\boldsymbol{q}$ は以下のように表される。

$$\text{検索質問ベクトル} \quad \boldsymbol{q} = \begin{bmatrix} q_1 \\ q_2 \\ \vdots \\ q_m \end{bmatrix} \tag{5.3}$$

　こうして得られた文書ベクトル $\boldsymbol{d}_j$ と検索質問ベクトル $\boldsymbol{q}$ の間で類似度を計算する。この際，多用されるのが**コサイン尺度**，もしくは内積である。

$$\text{コサイン尺度} \quad \cos(\boldsymbol{d}_j, \boldsymbol{q}) = \frac{\boldsymbol{d}_j \cdot \boldsymbol{q}}{\|\boldsymbol{d}_j\| \|\boldsymbol{q}\|} = \frac{\sum_{i=1}^{m} d_{ij} q_i}{\sqrt{\sum_{i=1}^{m} d_{ij}^2} \sqrt{\sum_{i=1}^{m} q_i^2}} \tag{5.4}$$

$$\text{内積} \quad \boldsymbol{d}_j \cdot \boldsymbol{q} = \sum_{i=1}^{m} d_{ij} q_i \tag{5.5}$$

ここで,例として「She is an apple. He is an orange.」という文書と,「apple」という検索質問において,ベクトル空間内で両者間の類似度を求める。なお,文書はベクトル化する際に,ピリオドで区切るものとする。

このときの索引語を,
$w_1 : She$
$w_2 : is$
$w_3 : an$
$w_4 : apple$
$w_5 : He$
$w_6 : orange$
とする。

このとき,索引語・文書行列は,以下の式 (5.6) となる。

$$\text{索引語・文書行列} \quad D = \{\boldsymbol{d}_1, \boldsymbol{d}_2\} = \begin{bmatrix} 1 & 0 \\ 1 & 1 \\ 1 & 1 \\ 1 & 0 \\ 0 & 1 \\ 0 & 1 \end{bmatrix} \tag{5.6}$$

また,検索質問を「apple」としたため,検索質問ベクトルは,以下の式 (5.7) となる。

$$\text{検索質問ベクトル} \quad \boldsymbol{q} = \begin{bmatrix} 0 \\ 0 \\ 0 \\ 1 \\ 0 \\ 0 \end{bmatrix} \tag{5.7}$$

上記の式 (5.6) と式 (5.7) を用いて,コサイン尺度もしくは内積で類似度計算を行う。

〔2〕 **潜在的意味解析**　　ベクトル空間モデルでは,文書ベクトルの次元数

は索引語の総数と等しい。したがって，検索対象となる文書の数が増えるに伴って，文書ベクトルの次元数も増加する。しかし，次元数が増加すると，文書中の不必要な索引語がノイズとなり，検索精度を低下させる。

そこで，高次元の空間にある文書ベクトルを低次元の空間へと射影することにより，検索精度の改善を図る技術として**潜在的意味インデキシング**（latent semantic indexing, **LSI**）あるいは**潜在的意味解析**（latent semantic analysis, **LSA**）（本書ではLSAと呼ぶ）がある。高次元の空間では別々に扱われていた索引語が，低次元の空間では相互に関連をもったものとして扱われる可能性を生むことにより，索引語の意味や概念に基づく検索や解析を行うことができる。例えば，「フルーツ」という索引語と「デザート」という索引語は別の単語であり，一方の索引語による質問ではもう片方の索引語を含んだ文書を検索することはできない。しかし，低次元の空間では，これらの意味的に関連した索引語は一つの次元に縮退することが期待できるため，「フルーツ」という検索語によって「デザート」を含む文書も検索できることになる。

LSAでは，**特異値分解**という技術により，高次元ベクトルの次元圧縮を行うが，これは3章で解説した主成分分析と同じ原理である。

LSAの大まかな手順は以下のとおりである。

手順①：検索対象となるn個の文書群から索引語を抽出し，索引語出現頻度を基にm次元の索引語ベクトルをつくり，これから索引語・文書行列D（$m \times n$行列）を作成する。

手順②：この索引語・文書行列Dを特異値分解することで次元圧縮された検索対象行列D'を作成する。これが**LSA意味空間**となる。

　（i）　特異値分解$D = U \Sigma V^T$の求め方

　　　・U：$m \times m$の直交行列DD^Tの固有値ベクトルからなる行列
　　　・V：$n \times n$の直交行列D^TDの固有値ベクトルからなる行列
　　　・Σ：DD^TあるいはD^TDの固有値の正の平方根である特異値$\sigma^1, \sigma^2, ..., \sigma^r$（$\sigma^1 \geq \sigma^2 \cdots \geq \sigma^r \geq 0$）が，対角線上に並んだ以下のような行列（ただし，rank(D) = r）

$$\Sigma = \begin{bmatrix} \sigma_1 & & & 0 & \\ & \ddots & & & O_{r \times (n-r)} \\ 0 & & \sigma_r & & \\ O_{(m-r) \times r} & & & O_{(m-r) \times (n-r)} & \end{bmatrix} \quad (5.8)$$

(ii) <u>次元圧縮</u>　行列 U は変量の分散が大きいため，左にある列ほど重要度が高い。よって，左の k 個の列を抽出して $m \times k$ 行列 U_k を生成する（ただし，$k < r$）。これにより，行列 U を $m-k$ 次元圧縮した低次元の行列 U_k で近似できる。

$$U = \begin{bmatrix} u_{11} & u_{12} & \cdots & u_{1m} \\ u_{21} & u_{22} & \cdots & u_{2m} \\ \vdots & \vdots & \ddots & \vdots \\ u_{m1} & u_{m2} & \cdots & u_{mm} \end{bmatrix} \to U_k = \begin{bmatrix} u_{11} & u_{12} & \cdots & u_{1k} \\ u_{21} & u_{22} & \cdots & u_{2k} \\ \vdots & \vdots & \ddots & \vdots \\ u_{m1} & u_{m2} & \cdots & u_{mk} \end{bmatrix} \quad (5.9)$$

行列 U_k を用いて検索対象行列 D で次元圧縮を行い，低次元行列 D'（$k \times m$ 行列）を生成する。

$$D' = U_k^T D \quad (5.10)$$

手順③：検索対象行列 D' の各列ベクトル d_i' を抽出する。ここで，d_i' を検索対象ベクトルとする。

手順④：検索したい単語から，検索対象ベクトル d_i' と同次元となるような検索質問ベクトル q を作成する。

手順⑤：検索対象行列 D' の各列ベクトル d_i' と検索質問ベクトル q において，それぞれコサイン尺度を用いて類似度を測定する。

5.2.4　潜在的意味解析の実用例

前節で説明した LSA の実用例として，筆者の研究室で以前行った TV 番組と TVCM のナレーション情報を，この LSA 意味空間内で処理することにより，TV 番組と TVCM の適合度を測定できるようにした研究を紹介する[12]。この研究は，TVCM を適した TV 番組に自動挿入可能にするための基礎技術の開発の一環で行ったものである。

まず，コーパス（CD-毎日新聞 2005 年版の記事4箇月分）と任意に定めた尺度の単語群から**LSA 意味空間行列** S を生成した．なお，LSA 意味空間行列 S の各列ベクトルは新聞記事の各段落に相当する．つぎに，TV 番組のナレーション情報と LSA 意味空間行列 S の各列ベクトルとの間の**類似度群**，TVCM のナレーション情報と LSA 意味空間行列 S の各列ベクトルとの間の類似度群を，コサイン尺度によりそれぞれ求めた．そして，両者の類似度群間でのユークリッド距離を計算することで，TV 番組と TVCM の適合度（類似度）を測定した．また，ユークリッド距離が最小値をとる TV 番組と TVCM の組合せを「TV 番組と TVCM の最も適した組合せ」とした．以下，本研究の手順について説明する．

〔1〕 **LSA 意味空間の生成** はじめに，TV 番組と TVCM の間の適合度を測定する上で，共通の尺度となる LSA 意味空間行列 S を，コーパスと任意に定めた尺度から生成した．なお，本研究ではコーパスとして CD-毎日新聞 2005 年版の記事4箇月分を用いた．

LSA 意味空間生成手順は以下のとおりである．

手順①：CD-毎日新聞 2005 年版の記事を段落ごとに分割し，分割した段落に形態素解析ソフト MeCab を用いて形態素解析を行った．その後，段落ごとに抽出された単語（名詞，動詞，形容詞，形容動詞）群を各段落ファイルとした．なお，抽出した段落数は 37 695 段落となった．また，抽出した単語の総数は 120 676 語，異なり数は 7 190 語であった．

手順②：各段落ファイルから出現回数が3回以上の単語とその単語の出現回数を抽出し，単語出現回数ファイルを生成した．また，出現回数が3回以上の単語が一つも存在しない段落は，LSA 意味空間を生成する際にノイズとなるため削除した．なお，ノイズを削除した後の段落数は 37 695 段落であった．

手順③：各単語出現回数ファイルから，出現回数3回以上の各単語（名詞，動詞，形容詞，形容動詞）を行 m（$m = 7 190$），ノイズとなる段落

を除いた各段落を列 n（$n=37\,695$）とする**意味空間生成用行列** D（$m \times n$ 行列）を生成した。ただし，意味空間生成用行列 D の各要素は単語の出現回数とした。

手順④：意味空間生成用行列 D に対して特異値分解による次元圧縮を行い，行の次元を 300 次元にまで圧縮した**意味空間生成用圧縮行列** D'（$300 \times n$ 行列）を生成した。

手順⑤：ここで，任意の尺度を，意味空間生成用圧縮行列 D' の行の上位 20 次元と定めた。そして，任意の**尺度ベクトル** q_{wj}（300 次元）を 20 個生成した（$j = \{1, 2, ..., 20\}$）。なお，この 300 次元は意味空間生成用圧縮行列 D' の各行（圧縮された単語情報）に対応すると考え，1～20 次元のうち一つの要素を 1 とし，それ以外の 299 要素を 0 とする単位ベクトルを 20 個それぞれ生成し，任意の尺度ベクトル q_{wj} とした。つまり，任意の尺度ベクトル q_{wj} は

$$q_{w1} = \begin{bmatrix} 1 \\ 0 \\ \vdots \\ 0 \\ 0 \\ \vdots \end{bmatrix}, \quad q_{w2} = \begin{bmatrix} 0 \\ 1 \\ \vdots \\ 0 \\ 0 \\ \vdots \end{bmatrix}, \quad \cdots, \quad q_{w20} = \begin{bmatrix} 0 \\ 0 \\ \vdots \\ 1 \\ 0 \\ \vdots \end{bmatrix} \quad (5.11)$$

手順⑥：意味空間生成用圧縮行列 D' の各列ベクトル d'_i と，任意の尺度ベクトル q_{wj} との間でそれぞれコサイン尺度による計算を行い，類似度を求めた。任意の尺度を行，CD-毎日新聞 2005 年版の記事の各段落（ただし，出現回数が 3 回以上の単語が一つも存在しない段落は除く）を列とする行列を **LSA 意味空間行列** S（$20 \times n$ 行列）とした。なお，LSA 意味空間行列 S の各要素として，求めた類似度をそれぞれ割り当てた。また，LSA 意味空間行列 S の各列ベクトルを s_h とした（$h = \{1, 2, ..., n\}$）。

$$\text{コサイン尺度} \quad \cos(\boldsymbol{v}, \boldsymbol{q}) = \frac{\boldsymbol{v} \cdot \boldsymbol{q}}{\|\boldsymbol{v}\|\|\boldsymbol{q}\|} = \frac{\sum_{p=1}^{n} v_p q_p}{\sqrt{\sum_{p=1}^{n} v_p^2} \sqrt{\sum_{p=1}^{n} q_p^2}} \quad (5.12)$$

v_p：**検索ベクトル**の p 番目の要素（ここでは，意味空間作成用圧縮行列 D' の各列ベクトル $\boldsymbol{d}_i'$ の p 番目の要素）

q_p：検索質問ベクトルの p 番目の要素（ここでは，任意の尺度ベクトル $\boldsymbol{q}_{wj}$ の p 番目の要素）

以上の処理内容を，以下の**図 5.1** に LSA 意味空間の生成の概要図として記した。ただし，任意に定めた尺度を $w_1, w_2, ..., w_{20}$ とした。

〔2〕 **ナレーション情報の LSA 意味空間への射影** つぎに，TV 番組と TVCM のナレーション情報をそれぞれ，〔1〕で生成した LSA 意味空間に射影した。この処理により，各 TV 番組のナレーション情報と LSA 意味空間との**類似度集合**，各 TVCM のナレーション情報と LSA 意味空間との類似度集合を求めた。TV 番組のナレーション情報の意味空間への射影の手順は以下のとおりである。

手順①：TV 番組のナレーション情報に形態素解析ソフト MeCab を用いて形態素解析を行い，単語（名詞，動詞，形容詞，形容動詞）を抽出した。抽出した単語から，出現回数が 2 回以下の単語はノイズとなるため削除し，出現回数 3 回以上の単語のみ再抽出した。再抽出した単語を次元として，再抽出した単語の出現回数を要素とする TV 文書ベクトル $\boldsymbol{q}^{TV}$ を生成した。

手順②：TV 文書ベクトル $\boldsymbol{q}^{TV}$ に対して特異値分解を行い，20 次元にまで次元圧縮をした TV 意味ベクトル $\boldsymbol{q}'^{TV}$ を生成した。

手順③：〔1〕で生成した LSA 意味空間行列 S の各列ベクトル $\boldsymbol{s}_h$ と TV 意味ベクトル $\boldsymbol{q}'^{TV}$ の間でそれぞれコサイン尺度による類似度を求めた。これらの類似度を LSA 意味空間行列 S の各列ベクトル $\boldsymbol{s}_h$ の順番と対応するように順に並べ，TV 番組の類似度の集合 c^{TV} とした。そのため，TV 番組の類似度の集合 c^{TV} の要素の総数は LSA 意味空間

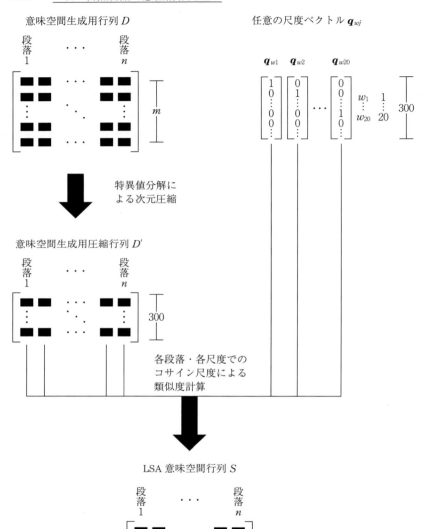

図 5.1　LSA による意味空間の生成概要

5.2 自然言語の意味解析　131

　　　　行列 S の列数と同様に n 個である。この処理をすべての TV 意味ベ
　　　　クトルに対して行った。
手順④：同様にして，TVCM のナレーション情報を LSA 意味空間へ射影し
　　　　た。なお，処理する TVCM の数を x とする。
手順⑤：TVCM のナレーション情報に形態素解析ソフト MeCab を用いて形
　　　　態素解析を行い，単語（名詞，動詞，形容詞，形容動詞）を抽出し
　　　　た。抽出した単語を次元として，抽出した単語の出現回数を要素と
　　　　する CM 文書ベクトル q_k^{CM}（k = {1, 2, ..., x}）を生成した。なお，
　　　　出現した単語の異なり数が 20 に達しなかった場合は，次元が 20 と
　　　　なるように要素に 0 を加えた。この処理をすべての TVCM のナ
　　　　レーション情報について行った。
手順⑥：CM 文書ベクトル q_k^{CM} に対して特異値分解を行い，20 次元にまで次
　　　　元圧縮をした CM 意味ベクトル q'^{CM}_k を生成した。この処理をすべ
　　　　ての CM 文書ベクトルに対して行った。
手順⑦：〔1〕で生成した LSA 意味空間行列 S の各列ベクトル s_h と CM 意味
　　　　ベクトル q'^{CM}_k の間でそれぞれコサイン尺度による類似度を求め
　　　　た。これらの類似度を LSA 意味空間行列 S の各列ベクトル s_h の順
　　　　番と対応するように順に並べ，TVCM の類似度の集合 c_k^{CM} とした。
　　　　そのため，TV 番組の類似度の集合 c_k^{TV} の要素の総数は，LSA 意味
　　　　空間行列 S の列数と同様に n 個である。この処理をすべての CM
　　　　意味ベクトルに対して行った。

〔3〕 **TV 番組と TVCM の適合度の測定**　〔2〕により得た，TV 番組の類
似度の集合 c^{TV} と TVCM の類似度の集合 c_k^{CM} を用いて，各 TV 番組と各 TVCM
の間での適合度を測定した。TV 番組と TVCM の適合度の測定手順は以下のと
おりである。

手順①：〔2〕で生成した，TV 番組の類似度の集合と TVCM の類似度の集合
　　　　の間でのユークリッド距離を求め，このユークリッド距離を適合度
　　　　とした。なお，この処理を TV 番組の類似度の集合と TVCM の類似

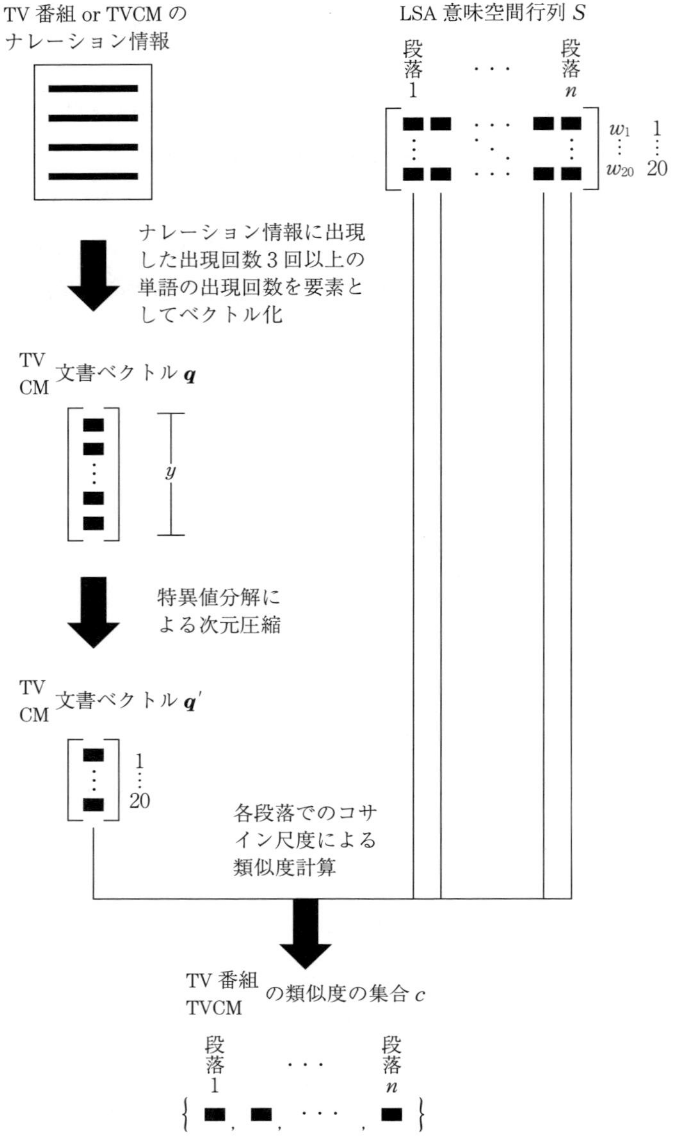

5. 自然言語の感性情報処理

図 5.2 LSA 意味空間への情報の射影

度の集合のすべての組合せで行った。

$$ユークリッド距離 \quad d(a, b) = \sqrt{\sum_{r=1}^{m}(a_r - b_r)^2} \quad (5.13)$$

d：ユークリッド距離
a_r：TV 番組の類似度の集合の r 番目要素
b_r：TVCM の類似度の集合の r 番目要素

手順②：すべての TV 番組と TVCM の組合せで得られた TV 番組と TVCM の適合度のうち，適合度が最小値となった TV 番組と TVCM の組合せを「TV 番組と TVCM の最も適した組合せ」であると判断した。

以上の手順の概要は図 5.2 のようになる。この処理により，TV 番組のナレーション情報と TVCM のナレーション情報を入力とし，コーパスと任意に定めた尺度から生成した LSA 意味空間を介して，TV 番組と TVCM の適合度を測定することが可能になった。

5.2.5　潜在的意味解析を用いたテキストからの感性情報抽出

さらにつづいて，単語と感性の結び付きに関する情報を被験者実験で取得し，そのデータを基に，LSA を用いて被験者実験で調査していない単語の意味も推定することで，ユーザが任意のテキスト文を入力するとそのテキスト文の感性的印象を色彩として可視化する，というシステムについて詳解する。以下は文献 3)〔飯場咲紀，土斐崎龍一，坂本真樹：テキストの感性イメージを反映した色彩・フォント推薦，日本バーチャルリアリティ学会論文誌，**18**(3)，pp. 217-226 (2013)〕で発表した筆者の研究室の研究の概要である。

本手法では，ユーザが自由に入力したテキストに対し，単語の連想色彩を用いて，テキストの感性情報を色彩で可視化する。以下に本手法を構成する二つの機能を示す。

〔1〕　**機能 1**：テキスト連想色彩の推定（テキストに出現する単語について，各単語の連想色彩を基にテキストの連想色彩を推定する）　　本研究で使用する色彩として，特定の感性イメージと結び付く 130 色から，適度な色数で

偏りのない色合いがそろうように色彩の選定を行った．130色を4種類の色調と11種類の色相ごとの計44グループに分類し，各グループにおいて，そのグループの色調と色相を代表すると思われる色彩を，色覚異常のない5名の被験者に1色ずつ回答させた．最も回答数が多かった色をそのグループの代表色として選定した．この結果，44グループのうち43グループで1色ずつ，1グループで2色が選ばれたため，計45色を選定した．

本手法では，テキスト（単語）から45色の各色彩が連想される確率（以下，これを**各色彩の連想確率**と呼ぶ）を推定する．ここで，各色彩の連想確率を値としたベクトルを**色彩ベクトル**と呼び，色彩ベクトルvは各色彩c_i（$i=1, 2, ..., 45$）の連想確率をp_iとしたとき，式(5.14)で与えられる．

$$v = (p_1, p_2, ..., p_{45}) \tag{5.14}$$

例えば，p_1の値が高い場合，「色彩番号1が連想されやすい」と判断できる．本研究では，心理実験を介して単語の色彩ベクトルを収集し，これを用いてテキストの色彩ベクトルを推定する．

テキストの色彩ベクトルは，テキストに含まれる単語の色彩ベクトルを基に算出される．したがって，単語と色彩の連想関係を調査する心理実験を行い，単語の色彩ベクトルを収集した．以下，実験内容および実験結果，色彩ベクトルの算出方法について示す．

【刺激単語】

本研究では，色彩連想に強い影響を与える単語781語を使用した（以下，これを**プリミティブワード**と呼ぶ）．これらの単語は，ニュースサイト記事と楽曲歌詞を用いて，被験者20名中5名以上が「テキストの連想色彩に強い影響を与える」と回答した単語を抽出しており，回答した被験者の割合（被験者20名中5名であれば0.25）を単語と色彩の連想の強さを表す指標とした（以下，この値を**色彩連想強度**と呼ぶ）．781語の全単語は，0.25以上の色彩連想強度をもち，例として「火災」の色彩連想強度は0.95，「気温」は0.30であり，「火災」のほうが色彩との結び付きがより強い．

5.2 自然言語の意味解析

【被験者】

色覚異常のない20名（男性15名，女性5名，平均年齢22.35歳）が実験に参加した。

【実験手順】

被験者に単語を1語ずつ提示し，単語から連想される色彩を45色から回答させた。色彩の回答に関して，連想される色彩が1色とはかぎらないため，色彩を最大3色回答するように求めた。

ある単語に対して単色を連想した被験者の回答と複数の色彩を連想した被験者の回答が混在しており，連想色彩が複数の場合，各色彩が連想される強さは，色彩が単色の場合よりも弱くなっていることが十分考えられる。したがって，各色彩が連想される強さを反映するために，被験者が回答した色彩に重みづけを行う必要がある。この重みづけとして，連想される色彩が単色の場合はその色彩を3回回答させ，連想される色彩が2色であった場合はより強く連想される色彩を2回回答させ，弱いほうを1回回答させた。また，2色が同じ程度の強さで連想される場合は，各色を1.5回分の回答として重みづけを行った。連想される色彩が3色であった場合は，各色彩を1回ずつ回答するよう求めた。

【実験結果】

781語の単語を390語，391語の2組に分け，各組に被験者を10名ずつ割り当て，単語の連想色彩を回答させた。よって，1語当り被験者10名分の回答を得た。

【色彩ベクトルの算出方法】

プリミティブワードの色彩ベクトル，すなわち，各色彩の連想確率を算出する。プリミティブワードwの色彩ベクトル$v(w)$は，式(5.15)によって与えられる。ただし，$q(w)$はwを提示された被験者の全回答数，$n(w, c_i)$はwから色彩c_i ($i=1, 2, ..., 45$)が連想されたと回答した被験者の延べ回答数である。

$$\boldsymbol{v}(w) = \left(\frac{n(w, c_1)}{q(w)}, \frac{n(w, c_2)}{q(w)}, \ldots, \frac{n(w, c_{45})}{q(w)} \right) \tag{5.15}$$

以上の流れにより，プリミティブワード781語の色彩ベクトルを算出した。

プリミティブワードだけでは，色彩と結び付きのあるすべての単語を網羅しているとは言い切れない。そこでコーパスに含まれるプリミティブワード以外の単語（以下，これを**未知語**と呼ぶ）に対し，それらの単語の色彩連想強度や色彩ベクトルを推定する方法として，前節までに解説したLSAを採用した。

毎日新聞コーパス1年分（2005年）に含まれる129 462語について，潜在的意味解析（LSA）を用いて単語間の意味的類似度を算出することで，コーパスに含まれる単語とプリミティブワードの意味的類似度を得る。この類似度を用いて，プリミティブワード以外の単語の色彩連想強度と色彩ベクトルを推定する。

未知語 u と閾値 θ 以上の類似度をもつプリミティブワードが存在する場合，u の色彩連想強度 $I(u)$ と色彩ベクトル $\boldsymbol{v}(u)$ は，式 (5.16)，(5.17)，(5.18) によって与えられる。ただし，P はすべてのプリミティブワードの集合，$I(w)$ はプリミティブワード w の影響度，$\boldsymbol{v}(w)$ は w の色彩ベクトル，$s(u, w)$ は u と w の類似度，$P(u, \theta)$ は u と θ 以上の類似度をもつプリミティブワードの集合とする。

$$I(u) = \frac{\sum_{w \in P(u, \theta)} s(u, w) \cdot I(w)}{|P(u, \theta)|} \tag{5.16}$$

$$\boldsymbol{v}(u) = \frac{\sum_{w \in P(u, \theta)} s(u, w) \cdot \boldsymbol{v}(w)}{|P(u, \theta)|} \tag{5.17}$$

$$P(u, \theta) = \{w \mid w \in P \land s(u, w) \geq \theta\} \tag{5.18}$$

以上の流れにより，コーパスに含まれる129 462語の未知語に関する色彩連想強度と色彩ベクトルを得た。

本手法では，テキストにプリミティブワードもしくは未知語が含まれる場合，それらの単語に関する出現頻度，色彩連想強度，色彩ベクトルを用いてテ

キストの色彩ベクトルを推定する．すなわち，テキスト t の色彩ベクトル $\boldsymbol{v}(t)$ は，式 (5.19) によって与えられる．ただし，$A(t)$ は t に出現する単語の集合，$f(w)$ はある単語 w の出現頻度，$I(w)$ は w の色彩連想強度，$\boldsymbol{v}(w)$ は w の色彩ベクトルを表す．

$$\boldsymbol{v}(t) = \frac{\sum_{w \in A(t)} f(w) \cdot I(w) \cdot \boldsymbol{v}(w)}{|A(t)|} \tag{5.19}$$

〔2〕 **機能 2 の説明**（心理実験を介して収集した各色彩の感性イメージを基に，機能 1 で推定されたテキストの感性イメージを定量化する）　感性イメージを定量化するための尺度として，**表 5.1** に示す 21 対の形容詞尺度を用いた．さらに，以下の手順で被験者実験を行った．

表 5.1 感性イメージを定量化するための 21 対の形容詞尺度

派手な/地味な	きれい/きたない
易しい/難しい	強い/弱い
清潔な/不潔な	激しい/穏やかな
静かな/さわがしい	上品な/下品な
男性的な/女性的な	活動的な/不活発な
愉快な/不愉快な	理知的な/情熱的な
重厚な/軽快な	陽気な/陰気な
かたい/やわらかい	若々しい/年老いた
自然な/不自然な	嬉しい/悲しい
好きな/嫌いな	不安定な/安定した
	シンプルな/複雑な

【**被 験 者**】

3.2.2 項の心理実験 A の被験者とは異なる，色覚異常のない 20 名（男性 10 名，女性 10 名，平均年齢 22.8 歳）が実験に参加した．

【**実 験 手 順**】

被験者に色彩を 1 色ずつ提示し，その色彩の印象を 21 対の尺度を用いて，7 段階 SD 法で評価させた．

138   5. 自然言語の感性情報処理

【実　験　結　果】

1色当り20名の被験者回答を得た。各尺度での評価値の被験者間平均を算出し，45色の各色彩の感性イメージを収集した。

色彩の感性イメージを**感性ベクトル**とし，ある色彩（45色）における各尺度（21個）の評価値を要素とする。これとテキストの色彩ベクトル（45次元）とを掛け合わせることで，テキストの連想色彩が21個の尺度で評価された値を要素とするベクトルが推定される（以下，これを**テキストの感性ベクトル**と呼ぶ）。

すなわち，テキストtの感性ベクトル$k(t)$は，式 (5.20) で与えられる。ただし，Rは，尺度d_j（$j=1, 2, ..., 21$）における色彩c_i（$i=1, 2, ..., 45$）の評価値を要素とするベクトル（21×45次元）であり，$v(t)$はtの色彩ベクトルを示す。

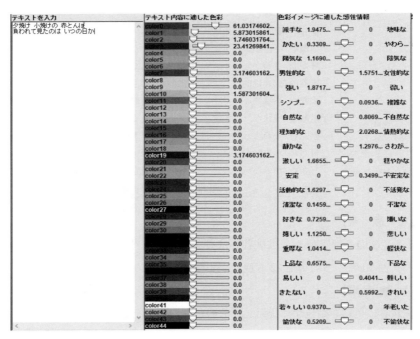

図 5.3　テキストから抽出した感性情報を可視化するシステムの実行例

$$k(t) = R \cdot v(t) \tag{5.20}$$

以上の手順により，**図 5.3** に例示されるような，任意のテキストから感性情報を抽出するシステムが実現した．

5.3 ネット上のビッグデータからの感性情報抽出

5.3.1 マイクロブログ

現在 WWW 上には数多くのソーシャルメディアが出現しており，中でもブログは急速に普及し，広く浸透したメディアとなっている．このブログを凌駕する勢いで近年注目されているのが**マイクロブログ**である．マイクロブログとは Twitter や Google+，Tumblr などをはじめとする，ユーザが短いテキストを Web に投稿し，ユーザ間で共有するサービスで，ブログよりもさらに，速報性，リアルタイム性があり，実世界を表現する新鮮な情報が発信されるため，有用な情報源として注目されている．マイクロブログのユーザの多くは一般の個人であり，その内容から一般の人々がなにをし，なにを感じ，なにを考えているかを抽出できる可能性があることがマイクロブログの魅力であり，まさにネット上のビッグデータとして注目されている．

マイクロブログがもつブログとは異なる特徴は，現在の実世界に関する情報を発しているということ，および，長さの制約により，これまでのテキストとはかなり異質になった言語が使われていることである．そこで，マイクロブログに特化した研究が行われている．

例えば，いま実世界で起きている出来事を検出し，速報できれば有用であることから，その出来事を検出するイベント検出や，緊急時のコミュニケーション手段としてのマイクロブログ活用を前提とした分析技術，流行の予測を目指す研究開発が行われている．また，単語への品詞付加，固有名抽出，意味役割付与など，これまで研究開発されてきている言語処理技術の多くが，そのままではツイートのような固有の表現が多く使われるマイクロブログの文章に対し

ては，性能劣化が激しく適用不可能であるため，マイクロブログ用の技術開発も必須となっている。

マイクロブログマイニングの分析技術として，これまでに行われている研究事例を以下に挙げる。

(1) **Authority, Influencer 分析**（フォロワ数によるランキング）　マイクロブログにおける検索では，検索システムで投稿文章を検索し，ランキングして表示できるのはいうまでもないが，マイクロブログの書き手などもランキングの対象となり得る。また，マイクロブログならではの特徴として，Twitter では時間順やリツイート数を用いたランキングが行われている。一般にマイクロブログのユーザはフォロワ数に基づいてランキングされており，多くのユーザから参照される対象は **Authority** あるいは **Influencer** と考えられ，重要度が高く見積もられる。これらのことから，Authority, Influencer の同定はマーケティングにおいて有用となっている。

(2) **評判分析**　マイクロブログはブログ同様，個人が発信するメディアであり，評判分析はマイクロブログマイニングにおいて重要な技術であるといえる。一般に評判分析は投稿中の特定の対象への評判を基に，その投稿文章を肯定的か否定的か，もしくは中立的かに分類することを目的としている。

(3) **実世界の動向の予測**　マイクロブログマイニングによってトレンドや評判の推移に関する研究への関心が高まる中で，このようなマイクロブログ中での動向と実世界での動向との相関について分析する研究にも，関心が高まっている。LIWC（linguistic inquiry and word count）分析ツールを用いて，政党や政治家を参照しているツイートを分析し，参照しているツイート数が選挙結果に反映していることを報告している研究もある。

(4) **マイクロブログの書き手の属性推定**　本書との関連で重要なのは，マイクロブログの分析により抽出されうる，書き手の属性である。書き

手の属性を明らかにすることができれば，「男性の間で話題になっているトピック」や「渋谷の女子高校生に人気のレストラン」など，他の分析技術との組合せにより，属性ごとの分析結果を示すことが可能になり，マーケティングにおいて非常に有用な情報が得られる．書き手の属性の代表的なものは，性別，年齢，居住地域などである．

(5) **マイクロブログのトピック同定**　　マイクロブログのユーザに対する，投稿内容に応じたタグの付与や，そのトピック（ユーザの関心）の同定をすることができれば，それを利用した検索や推薦が可能になるという利点がある．また，ユーザの関心はユーザ属性の一種ということができるため，ユーザ属性推定にも利用可能であり，マーケティングにも利用できる．

(6) **マイクロブログのトレンド分析**　　ブログの場合，キーワードの出現頻度の推移によってそのキーワードの注目度を知ることが可能である．マイクロブログの場合は，その現象が非常に顕著に出現するとされる．マイクロブログのほうが，同時間帯に大量の類似した投稿がなされるからである．また，Twitter は Twitter 上で流れているツイートの中から頻出しているキーワードをリアルタイムに抽出し，表示するサービスを提供している．

(7) **マイクロブログの自動要約**　　ブログには各投稿の一定の長さがあるため，要約することはそれなりに意義があったが，マイクロブログの場合は投稿できる文字数が少ない．そのため，マイクロブログの要約は，関連する投稿文章の集合をまとめて要約するが，内容が関連する投稿文章集合は特定の出来事に対応すると考えられるため，イベント検出を行っているとも考えることができる．

(8) **マイクロブログ中の情報の信頼性評価**　　マスメディアと違い，マイクロブログの書き手は一般の人間であり，日常で起こったことや感じたことを記述しているため，情報が正しいという保証はない．そこで，マイクロブログ上の情報の信頼性を評価する研究が行われている．例えば，

投稿文章に関する情報（長さや疑問符，感嘆符の有無，肯定的もしくは否定的な単語の数，ユーザ本人が発信している情報かどうか），ユーザに関する情報（年齢，フォロワおよびフォローの数，過去の投稿数），外部の情報源の引用の有無（URL を含む投稿数）などが用いられている。

5.3.2 Twitter

代表的なマイクロブログである **Twitter** は，2014 年の段階で登録ユーザが 5 億人を超えており，Twitter ユーザの所属，興味，人となりといったユーザ属性を知ることができれば，SNS 以外の企業活動や政治活動にも活用することができると期待されている。しかし，Twitter のユーザページにはプロフィールの項目があるものの，詳細に記述しているユーザは少ない。そのため，投稿されたツイート本文やその他の情報を利用してユーザ属性を推定する技術への需要が高まってきている。Twitter ユーザの属性推定に関する研究の主な手法は以下のとおりである。

(1) **ソーシャルグラフを利用した手法**　ソーシャルグラフとは，Web 上における人間の結び付きのことである。ソーシャルグラフ構築に用いられてきたものの一つとして，フォロー関係がある。多くのマイクロブログサービスには**フォロー**という仕組みがあり，他のユーザをフォローすることによって，自分のタイムラインにフォローしたユーザの投稿を反映させることができる。このフォロー関係を用いてソーシャルグラフを構築し，ユーザの属性を推定する手法が多くとられている。

(2) **ジオタグを利用した手法**　他のメディアにはないマイクロブログの特徴として，投稿ごとに**位置情報**（**ジオタグ**）を付加することができる点が挙げられる。このジオタグを利用することで，地域ごとのユーザ属性の特徴や，ユーザの興味と移動との関係を分析することができる。マイクロブログ上に蓄積された人々の行動履歴を基に，対象ユーザの行動とコンテキストを解析し，ユーザのつぎの行動を予測する手法などがある。

これらの手法では，位置情報や趣味・嗜好，所属などのユーザ属性は抽出できているものの，抽出のために他のユーザのツイートが必要である場合が多く，また，ユーザの感性を反映した属性は抽出できていない。ユーザ一人一人に最適なマーケティングやユーザ同士のマッチング精度の向上のためには，より細かいユーザのパーソナリティの把握が必要である。

5.3.3 Twitter からのパーソナリティ推定

近年の研究によって，被験者に課題を与え，書かせたテキストや，インタビューでの発言，記録した日々の会話を含むさまざまなコンテキストなどによって，言語とパーソナリティとの間に関連が見られることが確認されている。しかし，これまでの言語とパーソナリティとの関係性に関する研究には，三つの問題点があるとされる。

(1) **実験的環境ではパーソナリティは表れない**　これまでの研究では，実験的環境で書かれたテキストが中心であった。被験者は自分の過去や将来の目標，最近の失敗，日々の出来事など，特定のトピックについて書くことを指示されることが多いが，その人の人間性を探るためには，より日常的環境でデータを集めることが必要不可欠であることが，従来から指摘されている。

(2) **被験者の書く量の制約**　これまでのテキストベースのパーソナリティ研究では，被験者1人当り1000語にも満たないテキストを分析に使用しているが，個人から得られるテキストサンプルが少ないと，個人の本来感じていることは抽出しにくい。また，テキストデータは一般的に数日間・数時間という短い期間の間に書かれたものである場合が多いが，そのようなデータの場合，被験者のそのときの気分などの状態に影響を受けやすく，パーソナリティという変化しづらいものを推定するためには，長期的に安定して収集されたデータが必要である。

このような従来の言語からパーソナリティを推定しようとする研究の問題点に対し，ブログは個人が制約なく自由に思っていることを書けるという強みがある。オフラインでの先行研究の結果とブログベースのオンラインでの結果を比較した研究では，オンライン上で過度に自分自身を理想化しそれを提示するということはないとされているため，制約なく自由に書くことができるブログを用いることは有効であると考えられている。

しかし，マイクロブログを利用したユーザのパーソナリティ推定に関する研究はいまだ少ない。一方，Facebook のアカウントを入力すると **BigFive 尺度**（Goldberg らが提案し，世界的に普及しているパーソナリティを評価するための5因子。**外向性因子，情緒不安定性因子，誠実性因子，調和性因子，開放性因子**の5因子がある）でユーザのパーソナリティを出力するサービスや，Twitter アカウントからユーザの感情性，社会性，思考性を数値化して出力する AnalyzeWords，Twitter アカウントからツイートのタイプをパーセンテージで出力する Tweetpsych，といったエンタテーメントとしてのユーザのパーソナリティ推定にも需要がある。

中でも，マイクロブログサービスの最も人気の高い Twitter では，一日に1.1億ツイート以上の投稿がされているとされる。先行研究において，人は無意識的に物理的・仮想的環境においてパーソナリティ推定への手掛かりを残すことがわかっており，マイクロブログの投稿の多くが，日々感じたこと，思ったことはもちろん，日常のルーティンや，変化の報告，ニュース，情報の共有を含んでいることから，個々のマイクロブログがユーザのパーソナリティを推定するためのデータとして有用であることがわかる。

しかし日本語ベースの研究の数はさらに少ない。理由として，日本語は英語と違い分かち書きがされておらず，また，Twitter の文章はネットスラングや略語，固有名詞などが頻繁に使用されていることから，形態素解析が難しいという点，そして信頼性の高い大規模な単語-感情辞書が日本語にはいまだ存在していないという点，の二つが挙げられる。

以上のことから，マイクロブログは，人々の生の声が聞けるインターネット上のビッグデータとして感性情報処理対象として非常に魅力的であるが，これまでのマイクロブログのテキストを用いたユーザのパーソナリティ推定に関する研究によれば，以下の課題がある。

① BigFiveなどの大きな区分でのパーソナリティ特性に関する研究が多く，細かいパーソナリティの抽出はできていない。

② マイクロブログに投稿されたテキスト群から自動的にパーソナリティを推定するシステムはない。

③ マイクロブログに多用されるネットスラングや固有名詞，略語に対応できていない。

筆者の研究室ではこれらの問題点を解決し，かつ精度が高く，微細なパーソナリティの差まで推定できる手法の開発を行っているが，これについてはまたの機会に紹介したい。

6 感性への深層学習適用の可能性

　4章で解説したオノマトペ感性評価システムは，線形モデルを用いたものである。しかし，人の感性情報処理は線形モデルだけでは扱いきれない，非線形の側面があることから，しばしばそのモデル構築に「ニューラルネットワーク」が用いられてきた。そこで，本章では，ニューラルネットワークの基礎と，最近注目されている「深層学習型ニューラルネットワーク（ディープラーニング）」について解説する[14]。

6.1　ニューラルネットワークとは

6.1.1　ニューラルネットワークの由来

　人間の脳の仕組みについては，2章で詳しく解説した。人間の脳は，300億個から1000億個といわれる膨大な数の神経細胞（ニューロン）がさまざまに結合し，情報を伝達したり処理したりすることで，記憶したり，計算したり，考えたり，ものを認識したりしていると考えられている。脳神経科学の研究分野では世界中で昔から盛んに行われているが，まだ，人間の脳の全体像の解明にはほど遠い。しかし，人間の脳は，直列処理の原理とは異なる，並列処理の原理に基づいて，膨大な数の神経細胞が複雑に結合して情報処理を行っていると考えられている。

　つまり，人工知能の研究は，コンピュータで人間の知能をつくろうとしている研究ということになる。

　「ニューラルネットワーク」は，人間のニューロンの仕組みをコンピュータで模倣しようとしたものである。脳は神経細胞の巨大なネットワークと考えら

れており，神経細胞の役割は，情報処理と他の神経細胞への情報伝達（入出力）である。他の神経細胞への情報伝達は，神経伝達物質によるシナプス結合によって行われ，知能に関する処理をつかさどっている。このような人間の脳を模倣した仕組みをつくれば，「人間の脳と同じようなコンピュータプログラムがつくれるはず」と昔から考えられていた。

1943年に，ウォーレン・マカロック（W.S. McCulloch）とウォルター・ピッツ（W.H. Pitts）が，一つのニューロンが他のニューロンから信号を受け取ると，その量に応じて興奮する・しないという**人工ニューロン**という数学的な仕組みを考案した。動物の神経細胞（ニューロン）は，樹状突起からたくさんの入力があり，一つの軸索への出力がある，という形をしている。普通は入力があってもなにも出力されないが，短い時間で多くの強い入力があると，軸索を通って，他のニューロンに信号が送られる。これを**発火**という。実際の動物の神経細胞はもっと複雑であるが，マカロックとピッツは，この基本的な仕組みを人工的に再現するシンプルなニューロンをつくった。これが，「人工ニューロン」の由来である。

人工ニューロンは，本物のニューロンのように複数の入力と一つの出力がある。入力は，1と0のどちらかで，出力も，1と0のどちらかである。動物の神経細胞は電気信号の量であるが，コンピュータで実現するために，1と0の数値で扱う。入力から出力に至る人工ニューロンの処理では，入力一つ一つに「重み」が与えられている。重みは1か0ではなく，実数であれば，−0.5とか3.6など自由に設定できる。このような複数の入力に対して重みを掛け合わせ，それが一定の値以上になったら出力は1とし，一定の値にならなければ出力は0になるというシンプルな仕組みである。一定の値，というのは，各ニューロンに与えられる「閾値」に相当する。

　　　信号の総量 ≧ 閾値 ⇒ 興奮する

　　　信号の総量 ＜ 閾値 ⇒ 興奮しない

という神経細胞の仕組みに基づいてニューロンに設定する数値である。

このような単純な仕組みの人工ニューロンを組み合わせて，重みをうまく調

整することで，人間の脳と同様のさまざまな処理を行えるニューラルネットワークができる。

ニューロンによる学習の基本的な仕組みとして，「教師あり学習」と「教師なし学習」がある。ある入力信号に対して，ニューラルネットワークが出力すべき望ましい出力信号が外部から与えられる場合，その信号を**教師信号**と呼ぶ。学習は，教師信号の有無により以下の二つに分類される。

① 教師あり学習：望ましい出力が外部から与えられる学習。パーセプトロンやバックプロパゲーションが代表例。
② 教師なし学習：入力信号の性質のみに基づく学習。特徴抽出細胞自己形成が代表例。

1949年，心理学者ドナルド・ヘッブ（D.O. Hebb）は**ヘッブの学習則**を考案した。「同時に二つのニューロンが興奮したとき，その間の結合荷重が強化（増大）される」という法則で，**ヘッブ則**ともいわれる。一度ニューロン間の結合荷重が強化されると，類似入力信号に対しても興奮しやすくなり，さらに結合荷重が強化（増大）される。

人工ニューロンのようなシンプルなもので人間の脳を再現することへの期待が高まり，第一次人工知能ブームを迎えつつあったころ，1958年に，フランク・ローゼンブラット（F. Rosenblatt）は，**パーセプトロン**を考案した。パーセプトロンは，「人工ニューロン」の仕組みに，「ヘッブの学習則」の考え方を組み合わせてつくられた「パターン認識学習機械」である。その構造は，**感覚層**（S層：Sensory），**連合層**（A層：Associate），**反応層**（R層：Rsponse）からなる。パーセプトロンは，人工ニューロンを2層に並べてつなげた構造である。また，当初人工ニューロンでは0と1しか扱えなかったが，実数を扱えるようになり，結合強度の調整などで教師あり学習ができるようになった。

神経細胞の働きと同じような仕組みを人工的に再現できるようになり期待が高まったが，1969年，パーセプトロンで扱えない問題があることを，人工知能の父といわれるマービン・ミンスキー（M. Minsky）が指摘し，これに釘をさした。2層のパーセプトロンでは，組合せ数が多いような問題を解くのに学

習時間が非常に多くかかり，実用上学習できない，非線形分離問題が解けない，といった問題などが指摘され，第一次人工知能ブームの終わりとともに，ニューラルネットワーク研究が下火になった（人工知能ブームの背景については松尾（2015）[31] が詳しい）。

6.1.2 階層型ニューラルネットワーク

1986年，デビット・ラメルハートや，後にディープラーニングを発明するジェフリー・ヒントンらが，**バックプロパゲーション（誤差逆伝播法）**を考案した。第一次人工知能ブームが終わったときは2層だったパーセプトロンに中間層というものを設けて3層構造にすることで，パーセプトロンでは不可能だった問題も解けるようにした。入力層，中間層（隠れ層），出力層から構成され，各ニューロン間のすべての結合荷重が，誤差を最小化するように出力層から入力層に向けて逆向きに順次修正されていくため，「バックプロパゲーション（back-propergation）」と呼ばれる。これにより，コンピュータが出した回答が正解でなかったり，期待していた数値とは離れていたりした場合などに，その誤差を出力側から逆方向に返して，各ニューロンの誤りを正したり，誤差を少なくすることが可能になった。この考え方は，人間が計算問題を間違えたとき，どこで間違えたのか，解答から計算式をさかのぼって計算間違いを見つけ，間違えた所を見つけたら，そこを修正して解き直したりすることに似ている。おおよその手順は以下のようになる。

手順①：ニューラルネットワークに学習のためのサンプルを与える。
手順②：ネットワークの出力とそのサンプルの最適解を比較する。各出力ニューロンについて誤差を計算する。
手順③：ニューロンの期待される出力値と実際の出力の差を計算する。
手順④：各ニューロンの重みを誤差（局所誤差）が小さくなるよう調整する。
手順⑤：重みの大きい，結合強度の強い前の段のニューロンに誤差の責任があると判定する。

手順⑥：そのように判定された前の段のニューロンのさらに前の段のニューロンについても同様の処理を行う。

このような方法で，以前の2層のパーセプトロンでは学習することのできなかった問題，非線形分離問題なども解けるようになった。

手書き文字の学習の場合を例にして考えてみたい。例えば，手書き文字「1」の画像を入力したところ，間違えて「7」と判定した場合は，「入力層」と「隠れ層」をつなぐ部分の重みの W_1，そして「隠れ層」と「出力層」をつなぐ部分の重み W_2 の値を変えて，正しい答えが出るように調整をする。重みづけは，ニューロン同士をつなぐ線の太さである。この線の数は多く，隠れ層が仮に100個あったとすると，手書き文字のデータセットの手書き数字は28ピクセル×28ピクセル＝784ピクセルの画像であるため，784×100＋100×10で合計約8万個ある。この膨大な数の重みづけを変えると，画像の切り取られる空間の形が変わるが，ある切取り方が，数字の「1」を表現することになる。誤差逆伝播法では，ある一つの重みづけを大きくすると誤差が減るのか，小さくすると誤差が減るのかを計算しながら，誤差が小さくなるように，8万個分の重みづけをそれぞれ微調整していくという作業をひたすら行う。当然この学習作業はとても時間がかかるが，ひとたび学習が終了すると，うまくいくようになった重みづけを使って，訓練用に使ったデータとは違う，誰かが書いた手書き数字を入力しても，瞬時にその数字がなんであるか認識できるようになる。

3層にしたらうまくいき，2層のときにはできなかったものが扱えるようになったため，4層，5層と増やしていけば，調整できる自由度が上がり，各層のニューロン数は少なくても，より精度が上がるのではないか，と期待された。ところが，4層以上のバックプロパゲーションはうまく学習が進まなかった。誤差逆伝播法では，層が深くなると，誤差逆伝播が下のほうまで届かず，最後のほうの層だけうまく調整されて結果が出せても，入力に近いほうの層までは，誤差の情報が来なくなるので，層を深くしている意味がなくなってしまうのである。人間がどの層もきちんと学習するように手をかけてあげれば，少しはよくなったりすることもあるが，それでは大変すぎるということで，この

方法はその後下火になった。そして、人の脳をニューラルネットワークで再現した人工知能をつくろうというような第2次人工知能ブームは終わり、サポートベクトルマシンなどの、ニューラルネットワークとは異なる方法が機械学習で一般的に用いられるようになった。この方法は、その後のディープラーニングの登場で目立っていないが、ディープラーニングとは違う長所があり、根強い人気がある。

サポートベクトルマシン（support vector machine, **SVM**）は、1995年ごろにAT&Tのウラジミール・ヴァプニークが発表したパターン識別用の教師あり機械学習方法で、「マージン最大化」というアイデアなどで汎化能力が高く、非常に優秀なパターン識別能力をもつとされている。カーネルトリックという魔法のような巧妙な方法で、パーセプトロンの課題でもあった線形分離不可能な場合でも適用可能になったことで応用範囲が格段に広がり、研究で非常に多く用いられるようになった。しかし、データを二つのグループに分類するような問題は得意だが、多クラスの分類にはそのまま適用できず、計算量が多く、関数の選択の基準もないなどの課題も指摘されており、誤差逆伝播法などと比較して優れているともいえない、少し性質の異なる方法になる。

マージン最大化について少し説明する。誤差逆伝播法などの場合、少しずつニューラルネットワークの状態を調整し、変化させて、学習データを正しく識別できたところで学習を止めてしまうことになり、場合によっては、クラスの端のギリギリの所に線を引いてしまうこともあり得る。この線が本当に適切なのかというと、人だとあまり引かないようなところに線を引いているといえる。それに対し、サポートベクトルマシンであれば、二つのグループ間の最も距離の離れた箇所（最大マージン）を見つけ出し、その真ん中に識別の線を引く。このように学習データによる識別線によって、多くの未学習データの判別が可能になることを**汎化能力**という。

階層型ニューラルネットワークは、発展が期待されたが、各層で過剰な適合による「過学習」によって引き起こされる汎化能力の障害などが問題となり、下火になった。訓練データへの過学習と未知のデータへの汎化はトレードオフ

の関係にあるとされ，学習課題によって優先度が変わるが，機械にはこれが難しい。人間を含む動物はこのようなトレードオフに柔軟に対処していると考えられている。

6.1.3 深層学習（ディープラーニング）

　第2次人工知能ブームが終わり，長い冬の時代にあった2012年，人工知能分野の研究者を驚かせる出来事があった。世界的な画像認識のコンペティションILSVRC（Imagenet Large Sale Visual Recognition Challenge）で，東京大学，オックスフォード大学などの世界中の一流大学や一流企業が開発した人工知能を抑えて，初参加のカナダのトロント大学が開発したSuper Visionが圧勝した。

　このコンペは，ある画像に映っている物体が花なのか，動物なのかなどをコンピュータが自動的に当てるという課題に対して，いかに正しく認識できるかを競い合うものである。1000万枚の画像データから機械学習で学習し，15万枚の画像を使ってテストして，その正解率を競う。画像認識で機械学習を用いるのは常識であるが，設計において人間の手が多く介在しており，画像の中のどういう特徴を使うとエラー率が下がるのか，試行錯誤が重ねられていた。このような積み重ねで，1年ごとにエラー率がやっと1％下がるという程度で，その年もエラー率26％台での勝負かと思われたところ，1位と2位になったSuper Visionはエラー率15％台を出したということで，世界中を驚かせた。このとき使われたのが，トロント大学のジェフリー・ヒントンが開発した新しい機械学習の方法である**深層学習（ディープラーニング）**であった。

　ディープラーニングの革新的な点は，それまでは人間が介在して特徴量の設計をしていたのに対し，コンピュータが自ら特徴量をつくり出し，それを基に画像を分類できるようになった，ということである。自ら「特徴表現学習」ができるようになった，という言い方がされたりする。人は，「あれは猫よ」，「あれも猫よ」と教えられるだけで，猫の特徴までいちいち教えられなくても，いつしか自然に「猫とはなにか」を学習できる。コンピュータにはこれができ

ないと考えられていたため，自ら学習できるようになったということは，人のように自律的に動く人工知能の開発に向けてのブレイクスルーであった。

ディープラーニングの「ディープ」とは，層を何層にも深く（ディープに）重ねたものであることに由来する。ディープラーニングは，4層以上の多階層のニューラルネットワークである。前節で，3層のニューラルネットワークについて紹介した際に，4層以上のニューラルネットワークでは，誤差逆伝播が下の階層まで届かないという問題があったと述べた。ディープラーニングは，1層ずつ階層ごとに学習していくことと，**自己符号化器（オートエンコーダ）**という情報圧縮器を用いることで，この問題を解決した。

ニューラルネットワークの場合は，正解を与えて学習させる，ということが必要であった。例えば，「手書きの7」という画像を見せて，正解データとして「7」を与える。それに対して，自己符号化器では，「入力」と「出力」を同じものにする。例えば，「手書きの7」の画像を入力したら，正解も「手書きの7」の画像で答合せをする。正解を人間が教えているのではない。

入力と出力を同じにすると，隠れ層のところに，その画像の特徴を表すものが自然に生成される。例えば，手書き文字の画像の場合は，28ピクセル×28ピクセル＝784ピクセルの画像の例では，入力層が784次元で，出力層も784次元で，間の隠れ層は例えば200次元ある。784次元を200次元に圧縮する際に，2章で解説した「主成分分析」と同じことをする。ディープラーニングでは，これを多くの階層で行うことで，統計的な主成分分析では取り出せないような，高次の特徴量を取り出すことができる。1層目は784次元の入力で，200次元の隠れ層だったため，2層目への入力は隠れ層と同じ200次元のデータになる。この200次元のデータを同様に入力すると，隠れ層で例えば50次元になり，それをまた200次元に戻す。このとき，2層目の隠れ層には，1層目の隠れ層で得られた特徴量よりもさらに高次の特徴量が得られる。これをどんどん繰り返していくとどんどん抽象度の高い高次の特徴量が生成される。最終的に出力されるものが，例えば，典型的な「7」になるので，そこでこれは「7」なのだと名前を教えてあげるだけで学習は終了になる。

さらに，ディープラーニングでは，マルチモーダルな情報，例えば「音と画像」や「文章と画像」のような異なる感覚に関する情報を一緒に扱えるようになった。これにより，複数の五感からの情報を同時に取得しながらうまく対処している人間と，近い情報処理能力をもつコンピュータの実現に近づいたともいえる。

6.2 感性への深層学習適用の可能性

6.2.1 畳み込みニューラルネットワーク

従来の画像に関するニューラルネットワークでは，研究者の特徴量抽出の技量によって左右されていたが，**畳み込みニューラルネットワーク**（convolutional neural network，**CNN**）では特徴量抽出をする必要がなく，有効な特徴量を学習の過程において自動で抽出できる。画像を対象とするCNNは，早くも1980年代後半に，5層から成る多層ニューラルネットワークの学習に成功している。この方法に誤差逆伝搬法による学習方法を取り入れることで，CNNは完成した。CNNを用いた画像認識が，2012年にブレークスルーを果たしたことは，前節で述べたとおりである。

CNNの典型的な構成について紹介すると，入力側から出力側にかけて**畳み込み層**（convolution layer）と**プーリング層**（pooling layer）がペアで順に並んでいることが多い。他にも畳み込み層とプーリング層の後に，**局所コントラスト正規化層**（local contrast normalization，**LCN**）を挿入することもあり，それらを何層も重ね，その後隣接層間を結合した**全結合層**（fully-connected layer）を配置し，最後には出力関数として回帰では恒等写像，多クラス分類にはソフトマックス関数など用途に合わせた関数が用いられる。CNNは，モデルとして人の脳内の視覚野に関する神経回路を模倣しており，人が行う質感認識の仕組みを模倣できるのではないかと期待されている（詳細は，岡谷（2015）[8]なども参照されたい）。

しかし，従来の研究ではCNNを使用して素材分類などの研究は進められて

いるが，「やわらかい」，「粘ついている」などの画像がもつ質感そのものの表現をするには至っていない。質感そのものの特徴を人工知能として表現することが可能となれば，質感認知の分野において重要な情報となる。しかし，質感がもつ特徴の感じ方は人によって異なるものであり，質感を形容詞で表した場合，その表現は無数に存在し，また「とてもやわらかそう」，「少しやわらかそう」などとその特徴の大きさについても曖昧なものである。

筆者の研究室では，人が視覚や触覚などの感覚器を通して知覚した質感を多様かつ微細に表現する「オノマトペ」に着目し，質感認知における膨大な特徴量を表現する方法の一つとして，オノマトペを活用した深層学習モデルを構築している。

6.2.2 再帰型ニューラルネットワーク

ニューラルネットワークや深層学習で自然言語処理を行うためには，自然言語で記述されたデータをどのようにして数値に直すかを考える必要がある。自然言語で記述されたデータは数値ではないが，深層学習を含むニューラルネットワークの入力は，数値でなければならない。

その方法として，**1-of-N 表現**を用いて単語を表現する。1-of-N 表現では，ある単語を表現するために N 次元のベクトルを利用する。N は，対象とする自然言語データに含まれる単語の種類の総数である。ある単語を表現するには，その単語に対応するベクトルの要素を 1 とし，それ以外はすべて 0 とする。ただし，N の値は単語辞書の項目数と同じ値になるため，次元数が数万から数十万になってしまい，あまり使い勝手のよい方法ではない。

そこで，bag-of-words という表現形式が提案されている。ある文に含まれる単語のベクトル表現を加算することで一つのベクトルにまとめる表現である。一般的に，一つの文に含まれる単語はたがいに近い意味をもつと考えられる。そこで，ある文がどのような意味をもっているかを表現したり，たがいに近い意味をもつ単語をまとめて表現したりするには，bag-of-words 表現は有用であると考えらえる。

単語の意味を表現する際に，ニューラルネットワークを利用する方法もある。例えば，ある文に含まれる連続した五つの単語を考える。これらはたがいに意味が近いと考えられる。そこで，ある n 番目の単語 n を中心として，前後二つずつの単語を入力データとし，出力を中心の単語 n としてニューラルネットワークを学習させる。この学習をさまざまなデータについて行うと，ある単語 n についてどのような単語集合の中で出現するかについての情報がニューラルネットワークに蓄積される。これを**連続 bag-of-words 表現**と呼ぶ。また，これとは逆に，ある単語を与えると，その前後の単語の組合せが出力されるようなニューラルネットワークを構成し，学習結果をその単語の意味とすることもできる。これを **skip-gram 表現**と呼ぶ。

連続 bag-of-words 表現や skip-gram 表現では，ニューラルネットワークを構成する人工ニューロンのパラメータの集まりが単語の意味表現となる。1-of-N 表現が要素数の多い高次元のベクトルであるのに対し，連続 bag-or-words 表現や skip-gram 表現では低次元のベクトルを扱えばよいため，深層学習における学習効率を改善できるというメリットもある。

意味が類似する単語は同じような文脈で現れるため，その意味を表現するベクトルも類似する。そこで，似たような意味の単語を探すことは似たようなベクトルを探すという問題に置き換えることができる。ベクトル同士の類似度は単純な計算で求めることができるため，コンピュータに機械的に計算させて単語の意味を扱うことができるようになる（詳細は，小高（2017）[9]，坪井ら（2017）[25] も参考のこと）。

筆者の研究室では，5 章で詳解した方法により単語と感性的印象を色彩ベクトルとして表現し，その結び付きを利用して色彩などの感性入力により文章生成を行っており，その過程で再帰型ニューラルネットワークを用いている。

ニューラルネットワークは単語連鎖を学習することができる。連続する単語の組，例えば単語の 2-gram を学習データとしてある単語を入力すると，それにつづく単語が出力されるようにネットワークをトレーニングすることができる。学習を進めると，ある単語のつぎに出現する単語を答えるようなニューラ

ルネットワークができる。このニューラルネットワークを用いると，ある単語からスタートし，つぎつぎと単語の連鎖を作成することができる。結果として，ある単語から始まる単語列，すなわち文を生成することができる。しかし，この方法では，ある単語から始まると，いつもその単語に連続する一つの単語がつづくことになる。学習データセットに含まれる，例えば2-gramの連鎖関係の学習に基づき，原文となる学習データセットに含まれる単語連鎖のとおりにつぎの単語を出力する。結果として，学習後のニューラルネットワークは，指定された単語から始まる原文の一部を切り出し，これを出力するだけになってしまう。

また，もしも学習データセットとなる原文に，ある単語のつぎに出現する単語が2通り以上ある場合には，直前の単語だけからつぎの単語を決めることは原理的にできない。つまり，単なる階層型ニューラルネットワークでは，「文脈」は扱うことができない，ということになる。

そこで，ある単語の前に出現した単語の情報も使って，つぎにつづく単語の連鎖も決定できるようにする仕組みが必要になる。つまり，ニューラルネットワークで文脈を扱うためには，ある時点でニューラルネットワークに入力された単語だけでなく，過去に入力された単語の「記憶」も扱えなければならない。このような処理ができるものが**再帰型ニューラルネットワーク**（recurrent neural network, **RNN**）である。通常のニューラルネットワークと再帰型ニューラルネットワークの違いを**図6.1**に示す。

再帰型ニューラルネットワークでは，入力から出力までの信号の流れが一方向ではない。出力に向かう信号が適宜入力に戻され，つぎの入力データと合わせて処理された上で出力される。これにより，過去の入力に関する処理内容をネットワーク内部に記憶し，新たな入力データに対する処理を行う際に，過去の処理内容も考慮して処理を行うことができる。**図6.2**は再帰型ニューラルネットワークによる処理の流れの例である。

再帰型ニューラルネットワークは，音声や言語，動画像といった系列的なデータを扱うのが得意なニューラルネットワークである。このようなデータは

6. 感性への深層学習適用の可能性

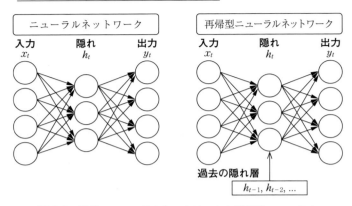

図 6.1 通常のニューラルネットワークと再帰型ニューラルネットワークの違い

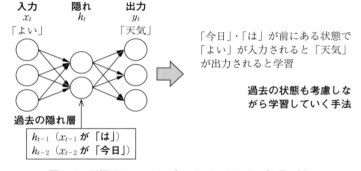

図 6.2 再帰型ニューラルネットワークによる処理の例

長さがサンプルごとにまちまちで，系列内の要素の並び（文脈）に意味があることが特徴である。再帰型ニューラルネットワークは，単語間の依存関係のような文脈をうまく学習し，単語の予測を高い精度で行うことができる。再帰型ニューラルネットワークは，内部に（有向）閉路をもつニューラルネットワークの総称であるが，このような構造のおかげで，情報を一時的に記憶し，振舞いを動的に変化させることができる。これにより，系列データ中に存在する文脈を捉えることができる。この点は，通常の順伝播型ニューラルネットワークと大きく異なる。また，通常の順伝播型ニューラルネットワークは入力一つに

対し一つの出力を与えるが，再帰型ニューラルネットワークは，過去のすべての入力が一つの出力へ反映される．

　以上のように，再帰型ニューラルネットワークは，人が記憶を参照しながら感性情報処理する能力をコンピュータにもたせる上で，たいへん有効な方法であるといえるだろう．

7

感性計測技術の応用

本章では，ここまでに紹介してきた感性計測技術の応用例を紹介する。感性を重視したモノづくりの現場や，消費者の感性に訴求することが求められるマーケティング現場，さらに感じ方の違いに寄り添うことが求められる医療現場に，本書で紹介してきた技術がどのように貢献できるか，紹介したい。特に，筆者のオノマトペを活用した独自の技術を中心に解説していく。

7.1 製品開発現場で

7.1.1 模造金属を実金属に近づけるデザイン開発支援

近年，電気製品や自動車のインテリアなどの加飾パネルに樹脂から成る模造金属が用いられることが増えている。模造金属は実金属と比べて軽量かつ低コストというメリットがあるが，実金属と比べ，高級感がやや劣るように見えたり感じられたりする場合がある。製品開発において，模造金属には実金属のように見えるようにデザインされた金属調のテクスチャが施されているが，模造金属の表面に実金属のようなテクスチャを施しても，模造金属は実金属としばしば異なるように見えてしまうという課題がある。そこで，どのようなテクスチャを施せば，より実金属のように見えるのかそのデザイン手法を探るため，2012年から2013年にかけて，オノマトペで表される印象を定量化するシステムを金属調加飾デザイン支援へと応用する産学連携共同研究を実施した。以下では，NHK総合「クローズアップ現代」で紹介され，国際ジャーナル（Sakamoto et al., 2016）[36]にも掲載された研究事例を紹介する。

実金属のような質感を模造金属に施すために，「もっとつるっとした質感に

したい」など，質感を表すときにオノマトペが用いられることが多い．

そもそも，「質感」とはなんなのか，どのような要因によって人の質感の認識が生じるのか，その認知メカニズムの解明は非常に難しい科学的な課題である．このような質感認知に関する従来研究での人の主観評価データ取得方法は，本書で紹介してきたSD法の実績件数が最も多い．SD法を用いて収集した材質感の主観的なデータを基に，これらを因子分析や主成分分析，多次元尺度構成法などの多変量解析を行うことで，質感を構成する因子の抽出を行う．さらに，質感認知は，素材の認識や表面特性の材質判断という役割を果たす一方で，嗜好や情動に関わる重要な側面をもっているとされている．例えば，漆器のもつ美しい光沢や陶器の釉薬がつくる微妙な色合いは，素材や表面の状態の判断が快・不快の情動を生み出し，そのモノの価値判断や意思決定にまで影響するとされる．材質感因子の従来研究でも，「気持ちのよい」，「好きな」，「快い」などの感性的な因子が抽出されている．

つまり，質感認知とは，素材の認識や表面特性の材質判断という役割と，快・不快や情動の変化といった感性判断という役割の，二つの重要な側面をもっている．従来の質感評価に関する研究では，被験者の質感情報を把握する方法として，あらかじめ設定された形容詞を評価尺度としたSD法や多次元尺度構成法を主に用いている．しかしながら，これらの方法では，あらかじめ定量化された評価尺度で質感を評価することで，素材の物理特性との対応をとれる一方で，素材から喚起される「好き・嫌い」や「快・不快」といった個人差がある感性的な側面を測定することが難しい．また，あらかじめ設定された形容詞対で質感を表現するため，素材に対してもつ質感イメージが形容詞の種類と幅によって制約を受けるといった問題があった．それに対し，質感を表すときに直感的に用いられるオノマトペには，快・不快といった情動も反映されるという強みがあることは，4章で紹介した実験などからも示されているとおりである．

このような背景で，オノマトペを用いて実金属と模造金属の質感を表現してもらう，という研究を開始したが，この研究では，「実素材」を使って見た目

を被験者に評価してもらうというこの実験自体の難しさがあった．評価の対象となる金属類は，自動車の内装で用いられるものであることから，人が肉眼で見る実素材である．そこでこの研究では，素材は実物の実金属と模造金属を用いた．そうすることで，リアルな金属の質感に関する実験結果を求めることができると考えた．また，評価にオノマトペを用いることで，主観的な評価を取得できるのではないかと考えた．また，被験者については，デザイン開発に携わる専門家と顧客となる一般人の両方で行うことで，双方の見方の差や共通点にも配慮することとした．

7.1.2 実　　　　験

実験で用いた素材は，実金属15種類と各実金属に対する模造金属15種類の計30個であった．図7.1は実験刺激例である．

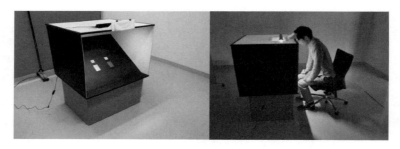

図7.1　実験の様子

実験では，実金属から想起されるオノマトペと模造金属から想起されるオノマトペについて，その数と種類を比較することを目的としており，被験者に実金属あるいは模造金属から想起されるオノマトペの回答を求めた．なお，本実験の被験者は金属調加飾デザインを扱う部署に5年以上勤務している専門家と，特別な金属との関わりをもたない非専門家を対象とした．また，ライトは色温度5 500 Kのものを使用し，日常で金属を目にする環境に近いかたちの下で実験を行った．

照明の色温度は5 500 Kのものを使用し，日常で金属を目にする環境に近い

ように配慮した実験環境の下，被験者にイスに座ってもらい図7.1のような姿勢で，額を指定した位置に付けた状態で実験刺激を観察してもらった．

被験者は金属調加飾デザインを扱う部署に5年以上勤務している専門家20名と，特別な金属との関わりをもたない非専門家30名だった．実金属と実金属に対する模造金属の2素材を1組とし，全部で15組，二つずつ呈示した．被験者には実金属および模造金属を観察し感じたままを，口頭によりオノマトペで回答してもらった．回答時間の制限は20秒とし，時間内で思いつくかぎりのオノマトペを答えてもらった．なお，オノマトペがわからない被験者が多いと思われたため，実験を行う前にあらかじめオノマトペの例を載せた紙を呈示した．また，実金属および模造金属の見た目の違いを分析対象としているため，被験者には一切素材には触れずに回答してもらった．

7.1.3 結　　果

まず，被験者ごとに実金属と模造金属から得られたオノマトペの数を集計した．その後，専門家の被験者から得られた実験データと非専門家の被験者から得られた実験データに分けて，それぞれの実金属と模造金属から得られたオノマトペの平均個数を集計した．2グループそれぞれの中で，実金属から得られたオノマトペの平均個数と模造金属から得られたオノマトペの平均個数の間に統計的な有意差があるかどうかを調べた．その後，専門家，非専門家の区別なくすべての被験者の実験データについて，実金属から得られたオノマトペの平均個数と模造金属から得られたオノマトペの平均個数の間にも，統計的な有意差があるかどうかを調べた．その結果，非専門家でも専門家でも，模造金属からよりも，実金属からのほうが有意に多くのオノマトペを回答していることがわかった．なぜなのかはまだわかっていないが，オノマトペは人の感性的質感認知を直接的に捉えるものとされていることから，実金属は模造金属よりも人の感性に訴求しやすいからなのではないか，といったことを考えている．

つぎに，非専門家が回答したオノマトペと専門家が回答したオノマトペを**表7.1**にまとめた．

表 7.1 非専門家と専門家が回答したオノマトペ

様式番号	非専門家 実物	非専門家 模造	専門家 実物	専門家 模造
1	ザラザラ	ツルツル	ウネウネ / ギラギラ	サラサラ
2	ボコボコ	ツルツル	キラキラ / ギラギラ	サラサラ
3	ザクザク	ピカピカ	カクカク	キラキラ
4	ボコボコ	ツルツル	ギラギラ	キラキラ
5	ザラザラ	ツルツル	ギラギラ / ザラザラ	キラキラ
6	ザクザク	サラサラ	ザラザラ	ツルツル
7	ザラザラ	サラサラ	ウネウネ / ピカピカ	ザラザラ
8	ザラザラ	サラサラ	ザラザラ	サラサラ
9	ザラザラ	サラサラ / ツルツル	ギラギラ	キラキラ
10	ボコボコ	サラサラ / ザラザラ / ツルツル	キラキラ / ピカピカ / ピカピカ	ザラザラ / ザラザラ / キラキラ
11	ザラザラ	ツルツル	ギザギザ	サラサラ
12	ザラザラ	サラサラ	ウネウネ	ザラザラ
13	ツルツル	ツルツル	ザラザラ	サラサラ / ツルツル
14	ツルツル	ツルツル	サラサラ	サラサラ
15	ツルツル	ツルツル	ツルツル	ツルツル

なお，このデータについてどのようなオノマトペを非専門家と専門家が用いやすいかを分析したところ，非専門家は視覚オノマトペよりも触覚オノマトペを多く想起し，専門家は触覚オノマトペよりも視覚オノマトペを多く想起していることがわかった。専門家は，デザイン関係の業務を日ごろから行っており，視覚的なデザインに注意が行きやすかったのに対し，一般の人は，見た目から，「触ってみたらどんな感じがしそうか」を，思い浮かべるのではないかといった考察も可能である。

さらに，4章で紹介したオノマトペ感性評価システムで，回答されたオノマトペを解析した．15様式のデザインそれぞれについて，実金属から最も多く想起されたオノマトペと模造金属から最も多く想起されたオノマトペを特定した．特定された各オノマトペを，4章で紹介した視触覚関連を中心とした43種類の評価項目でオノマトペの感性的印象を定量化するシステムに入力し，43種類の評価尺度ごとに比較した．**表7.2**に解析結果の一部を示す．

表7.2 想起されたオノマトペのシステムによる評価値の差

	非専門家（様式1）	実物	模造	実物—模造
	尺度（1←：→7）	ザラザラ	ツルツル	差
1	明るい：暗い	4.28	3.6	0.68
2	温かい：冷たい	4.76	3.88	0.88
3	厚い：薄い	4.09	4.23	−0.14
4	安心な：不安な	4.71	4.28	0.43
5	よい：悪い	4.56	3.93	0.63
6	印象の強い：印象の弱い	3.29	3.96	−0.67
7	嬉しい：悲しい	4.19	3.76	0.43
8	落ち着いた：落ち着きのない	5.03	4.33	0.7
9	快適：不快	4.71	4.14	0.57
10	かたい：やわらかい	3.19	4.8	−1.61

このような分析により，実金属と模造金属から得られたオノマトペについて，それぞれの尺度の評価値の差の絶対値を分析した結果，「なめらかな：粗い」，「重厚な：軽快な」，「きれいな：汚い」，「湿った：乾いた」の順で，実金属と模造金属に差があることがわかる．

実金属と模造金属との間で最も大きい差が出た評価尺度のうち，加飾デザインのつくり直しが行いやすい尺度であった「なめらかな：粗い」に着目し，企業に，テクスチャデザイン様式6を，システムの解析結果に基づき，より実金属に近づくように，模造金属のデザインの再作成を行ってもらった．システムの解析結果から，人間は表面のテクスチャが同じであっても，実金属を模造金属より「粗い」と評価する傾向がある，と予測した．もともとのテクスチャデ

ザイン様式6では,実金属も模造金属も,共に深さ0.2mmの幾何学パターンのテクスチャが施されていた。そこで,模造金属をより実金属に近く見えるようにするために,模造金属のテクスチャの幾何学パターンの深さを0.6mmにしたものと,0.4mmにしたものの2種類を用意した。

デザイン6の実金属と,深さを増して,新たに試作した模造金属を用いて,再度被験者実験を行った。実験は,先ほどと同様の実験手順で行った。中央に実金属を置き,最初の実験に用いたもともとの模造金属と,新たに試作した模造金属を両側に置いて比較してもらった。どちらの模造金属を右,または左に置くかは,被験者ごとにランダムにした。被験者は,左右のサンプルのうち,どちらが中央のサンプルに近く見えるかを回答した。模造金属のパターンの深さ0.2mm,0.4mm,0.6mmについてこの実験を行った。

実験の結果,全被験者が深さ0.6mmの模造金属が最も実金属に近く見えると回答した。この結果から,実金属と模造金属から得られるオノマトペを,オノマトペ感性評価システムで解析することで,模造金属の視覚的印象をより実金属に近づけるような加飾デザイン支援を行えることが示された。

本節では,金属調加飾デザイン開発支援例を紹介したが,この方法は,その他の素材のデザイン開発にも応用できると思われる。

7.2　マーケティングで

7.2.1　ブランド名による顧客との感性コミュニケーション

オノマトペに見られる音象徴性は,マーケティング分野でも早くから注目され,研究が盛んに行われている。1950年代以降から現代に至るまで,ブランドネームに関するさまざまな研究が盛んに行われてきた。例えば,ブランドネームは,ブランドコミュニケーションにおいて中核となるブランド要素であり,識別性と意味性に富むブランドネームは,ブランド認知度の向上や好ましいブランドイメージの形成を促すことで,ブランドエクイティの構築に貢献することが指摘されている。日本国内だけでも毎年約10万件以上の商標が新規

登録されており，意味性と識別性に富んだブランドネームを開発することは年々難しくなっている。

マーケティング分野での研究全般において，ブランドネーム研究が占める割合はそれほど多くないものの，望ましいブランドネームの要件，ブランドの再生・再認に対するブランドネームの効果，知覚品質・ブランド評価の手掛かりとしてのブランドネームなど，多方面からブランドネームについての考察が行われている。このような，ブランドネームそのものについての研究の他に，ブランドネームの発音に着目した研究もある。Peterson and Ross（1972）は，シリアルと洗剤に関する意味を成さない造語ブランドネームを作成し，それらのブランドネームがどれくらい二つの製品カテゴリーを連想させるか測定している。その結果，例えば「whumies」はシリアルを「dehax」は洗剤といったように，一部のブランドネームは比較的強く一つの製品カテゴリーを連想させることを示した。ブランドネームの発音とそれが連想させる製品カテゴリーにはある程度の関連性が存在しうることが示唆された。Schloss（1981）は，1975年から1979年の間におけるMarketing and Media Decision誌への掲載回数上位200ブランドがどの文字から始まるかを検証した。その結果，上位200ブランドのうち，「C」，「P」，「K」で始まるものが全体の27％，「B」，「C」，「K」，「M」，「P」，「S」，「T」で始まるものが65％を占めていることを明らかにし，消費者に支持されるブランドのブランドネームには共通の発音的特徴があることを示唆している。語頭の破裂音は消費者に好ましさおよび記憶に対するなんらかのインパクトを与える可能性がある，ことなどが示唆されている。

Klinkは2000年からの一連の研究で，多様な消費財，サービスを対象に，ブランドネームの発音がそれらの製品属性を消費者に連想させることができるかを研究した。その結果，ブランドネームの発音は，単独でも製品の大きさ，速さ，重さ，色の明度，力強さなどの製品属性を消費者に伝えることができることを明らかにしている。また，製品属性を象徴する発音のブランドネームとそうでないブランドネームを提示し，各ブランドに対する好感度（brand liking）を測定した．その結果，消費者は，製品属性を象徴する発音のブランドネームをもつ製品を，そうでない製品よりも好むことを明らかにした．ブランドネームの大半は製品に意味をもつ既存語を用いた名前が付けられるが，単に文字を組み合わせただけの無意味語（Kodak, Lexusなど）も人々に受け入れられていることから，音声象徴になんらかの効果があるとされる．以下では，4章で紹介したオノマトペ感性評価システムをブランド名開発に応用した事例を紹介する．

7.2.2　ブランド名評価システム

ブランドネームを定量的に評価するために，4章で紹介したオノマトペ感性評価システムと同じ原理を用いたが，オノマトペでは通常使用されない小母音や，子音/V/（「ヴァ」や「ヴォ」など）や/TH/（「テュ」や「デュ」など）の印象も推定できるようにした．

構築したブランド名評価システムの妥当性を調べるために，**表7.3**のような20種類の架空のブランド名を作成した．

表7.3　評価実験で用いた架空のブランド名

アフンス	スイフ	パルフ	ミグノ
ヴァント	セオン	ピルモ	ヤージー
オージュ	デリーナ	ビュッツ	リュデン
キャヴィ	ニノキ	ファーブ	ロパン
ケンツ	ネモレ	ボシア	ワッド

これらのブランド名の印象を，被験者15名（男性被験者10名，女性被験者5名，平均年齢23.3歳）に評価させた．

被験者に，アイスクリーム，ティッシュペーパー，子供用おむつ，ソフトドリンク，スナック菓子，洗濯用洗剤，台所用洗剤，ボディソープ，医薬品の九つの商品カテゴリーとしてこの商品名があったらどのような印象になるか，**表7.4**の42種類の評価尺度を用いて7段階SD法で評価させた．

実験の結果，42の尺度×20個のブランドネーム×被験者15人＝12 600個の

表7.4 商品カテゴリーに対応する42種類の評価尺度

アイスクリーム	ティッシュペーパー	子供用おむつ
好き	やわらかい	薄い
甘い	しっかりした	やわらかい
おいしい	高級感のある	ゆったりした
さっぱりした	しっとりした	吸収力のある
濃厚な	優しい	通気性のある
お気に入りの	便利な	伸縮性のある
香ばしい	好き	肌触りのよい
高級感のある	肌触りのよい	安心な
	かたい	嬉しい
	おしゃれな	優しい
ソフトドリンク	スナック菓子	洗濯用洗剤・柔軟剤
すっきりした	おいしい	爽やかな
飲みやすい	濃い	幸せな
濃い	軽い	優しい
おいしい	好き	自然な
お気に入りの	食感のよい	環境によい
甘い	さっぱりした	洗浄力のある
香りのよい	嬉しい	お気に入りの
好き		肌触りのよい
優しい		香りのよい
爽やかな		
さっぱりした		
嬉しい		
台所用洗剤	ボディソープ	医薬品
泡立ちのよい	さっぱりした	安心な
香りのよい	お気に入りの	安全な
お得な	泡立ちのよい	嬉しい
洗浄力のある	優しい	おいしい
優しい	香りのよい	効果のある
べたつかない	やわらかい	信頼できる
泡切れのよい	癒される	スッキリする
環境によい	嬉しい	即効性のある
安全な		飲みやすい

データが得られた。このデータに関して、各尺度×各ブランドネーム（840通り）における平均値を求め、これを被験者の印象評価値とした。一方で、実験に用いたブランドネーム20語をシステムに入力し、出力された印象評価結果を本システムの印象推定値とした。そして、被験者の印象評価値とシステムの印象推定値を、Pearsonの積率相関係数を求めることによって比較した。すなわち、ブランドネーム i（$i=1, 2, ..., 20$）について、評価尺度 j（$j=1, 2, ..., 42$）における被験者の印象評価値を X_{ij}、システムの印象推定値を Y_{ij} として、ブランドネーム i における変数 X と Y に関する Pearson の積率相関係数を求めた。結果を**表7.5**に示す。

表7.5 各ブランドネームについての被験者の評価値とシステムの評価値の相関

ブランドネーム	相関係数	ブランドネーム	相関係数
アフンス	0.75*	パルフ	0.68*
ヴァント	0.79*	ピルモ	0.73*
オージュ	0.66*	ビュッツ	0.68*
キャヴィ	0.66*	ファーブ	0.86*
ケンツ	0.73*	ボシア	0.70*
スイフ	0.67*	ミグノ	0.68*
セオン	0.65*	ヤージー	0.67*
デリーナ	0.71*	リュデン	0.81*
ニノキ	0.80*	ロパン	0.65*
ネモレ	0.79*	ワッド	0.78*

*: $p < 0.05$

表7.5より、相関係数が0.65～0.7となったブランドネームは9語、相関係数が0.7～0.8となったブランドネームは8語、相関係数が0.8～0.9となったブランドネームは3語であった。また、すべてのブランドネームが統計的に有意（$p < 0.05$）な数値を示した。以上の結果から、本システムは人の認知とある程度一致した印象推定精度をもつことが示された。

さらに、各商品カテゴリーの特徴的なブランドネームの型について考察した。まず、「スナック菓子」と「アイスクリーム」の商品名で語頭に半濁音が

ある場合，5%水準で有意に「甘い（$t(26)=2.098$, $p<0.05$）」という印象が喚起されることがわかった。「子供用おむつ」の商品名については，語中に長音がある場合，1%もしくは5%水準で有意に「伸縮性のある（$t(31)=2.946$, $p<0.01$）」「うれしい（$t(31)=2.366$, $p<0.05$）」や「親しみのもてる（$t(31)=2.651$, $p<0.05$）」という印象が喚起されることがわかった。また，医薬品の商品名の語尾に撥音「ン」がある場合，0.1%水準で有意に「安全な（$t(30)=3.720$, $p<0.001$）」という印象を喚起することがわかった。分析の結果は**表7.6**のとおりである。

以上より，ブランドネームの音韻から受ける印象は，オノマトペ感性評価システムを応用したシステムで予測できることがわかった。

表7.6 各商品カテゴリーの特徴的なブランドネームの型に関する分析

スナック菓子・アイスクリーム／半濁音		医薬品／撥音	
語　　頭	語　　末	語　　　　　末	
甘い*	嬉しい*	安全な***	癒される**
	軽い*	安心な**	すっきりした*
		環境によい**	べたつかない*
		親しみのもてる***	ゆったりした*
		淡白な**	洗浄力のある*
			優しい*

子供用おむつ／長音			
語　　中	語　　　　　末		
伸縮性のある**	おしゃれな***	好きな***	品質のよい***
嬉しい*	さっぱりした***	香りのよい***	明るい***
親しみのもてる*	すっきりした***	やわらかい***	癒される***
	べたつかない***	親しみのもてる***	優しい***
	ゆったりした***	洗浄力のある***	しっかりした**
	安全な***	爽やかな***	しっとりした**
	楽しい***	女性的な***	安心な**
	環境によい***	通気性のある***	効果のある*
	軽い***	肌触りのよい***	伸縮性のある*
			信頼できる*

***: $p<0.001$, **: $p<0.01$, *: $p<0.05$

7.3　医療現場で

7.3.1　問診での感性コミュニケーションの重要性

　言語表現を介する痛みの評価方法として有名なものとして，McGill pain questionnaire（**MPQ**）がある。メルザック（Melzack）は，1975年に，痛みを多元的に捉える目的でMPQを作成し，その有用性は国際的にも高い評価を得ている。この評価法は，感覚的，情動的，評価的の3側面から痛みを立体的に評価しているのが特徴で，102語の痛み表現を用い，その度合いや性質を分類している。MPQはどのような性質の痛みであるか把握することができ，痛みを身体的要因だけでなく，精神的・社会的要因により評価することができる。日本でもMPQはいくつかの翻訳がなされている。

　この**日本語版マッギル疼痛質問表（JMPQ）**に関して，痛みの多元的評価を目的とした臨床での使用は昔から検討されている。

　しかしながら，痛みを言語的表現から捉えるという観点から考えると，もともとMPQの対象であったカナダ人と，日本人との痛み表現には微妙な違いがあることや，疼痛評価に時間がかかってしまうことなどの理由から，臨床の場で，MPQや日本語版痛みの訴え尺度の総合評価法はほとんど使用されていない。筆者自身，病院での医療面接でお目にかかったことがなく，待ち時間に対して診療時間が短い，緊急性の高い場面では使用できないといった問題から，臨床応用は難しいようである。

　しかしやはり，患者が感覚，不快さを伝えることは重要である。少なくとも日本人の患者は，自身の痛みや症状を表現する際に，オノマトペや比喩などを使うことが多い。

　患者：「頭がガーンと痛いんです。」

　医師：「ハンマーで殴られたような痛みですか？」

このようなコミュニケーションから，医師は短時間で診断推論をする。上記の例では，くも膜下出血の確率が高いとされる。

そこで，本節では，オノマトペを入力するとその印象に合致した比喩を提示することで問診の円滑化を図れるシステムについての開発事例を紹介する。具体的には，日本語オノマトペを入力すると，各評価尺度に対して痛みの量と質などの特徴を定量的に提示することが可能なオノマトペ問診支援システム[6]を基盤とし，痛みに関するWeb記事から抽出した比喩の印象を用いて，入力されたオノマトペの印象値と類似度を算出することによって，オノマトペの印象に合致した比喩をランクづけするシステムである[34]。

7.3.2 問診支援システムの開発

痛みを表す「一言のオノマトペ」を数値化することで，多次元的な痛みの強度と質を瞬時に定量化し，関連する比喩表現も提示するシステムの実装例は**図7.2**と**図7.3**のとおりである。

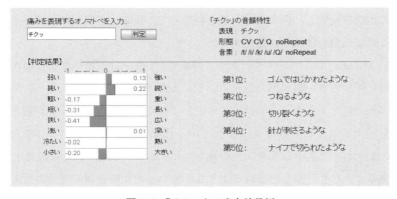

図7.2 「チクッ」の出力結果例

オノマトペを数量化するモジュールについては，4章で解説したオノマトペ感性評価システムと原理的に同じであるため，本節では，比喩を提示する方法について説明する。

具体的には，日本語オノマトペを入力すると，各評価尺度に対して痛みの量と質などの特徴を定量的に提示することが可能なオノマトペによる痛みの数量化システムを基盤とし，痛みに関するWeb記事から抽出した比喩の印象を用

7. 感性計測技術の応用

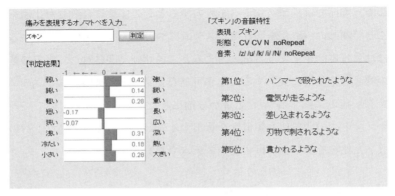

図7.3 「ズキン」の出力結果例

いて，入力されたオノマトペの印象値と類似度を算出することによって，オノマトペの印象に合致した比喩をランクづけするシステムである．あらゆる比喩を対象として各評価尺度の印象の抽出を行うため，インターネット上の痛みに関する比喩を検索し，得られた記事を利用して，比喩と形容詞の結び付きを調べることで比喩の印象を定量化する．

図7.2では，オノマトペ「チクッ」の場合，「狭い」，「短い」などの評価尺度に対して，大きい値が出力されている．また，類似する比喩表現として「ゴムではじかれたような」，「つねるような」，「切り裂くような」，「針が刺さるような」，「ナイフで切られたような」という比喩が提示されている．また，図7.3では，オノマトペ「ズキン」の場合，「ハンマーで殴られたような」，「電気が走るような」，「差し込まれるような」といった比喩表現が提示される．このように試作システムでは，どのようなオノマトペが入力された場合でもオノマトペの印象と類似した比喩表現を提示することが可能であるため，オノマトペの印象をより正確に理解することが可能となる．

まず，事前調査として，疼痛表現について言及している先行研究から比喩表現を収集した．そして，収集した比喩表現にオノマトペが含まれている場合，オノマトペを削除し，「動詞＋ような」型（例：焼けるような），「名詞＋動詞＋ような」型（ハンマーで殴られたような），「名詞＋ような」型（電撃のよう

な）に分類した．動詞が含まれる比喩に関しては，動詞の活用形（受動態現在形，受動態過去形，能動態現在形，能動態過去形）も一つの表現とし，受動態か能動態かの選択に関しては先行研究の多いものを用い，時制に関しては現在形を用いることとした．比喩表現について同義語，類義語があれば，その比喩表現を先行研究が多い比喩表現に加えることで一つにまとめた．同義語の抽出については類語辞典『日本語大シソーラス —類語検索大辞典—』（山口，2003），オンライン上の概念辞書『Wordnet』（http://nlpwww.nict.go.jp/wn-ja/index.ja.html）を参考とした．この『Wordnet』では単語を類義関係のセットでグループ化し，簡単な定義や他の同義語のグループとの関係が記述されている．システム開発時点，57 238 概念と 93 834 語が収録されており（2014 年 1 月 10 日時点），言語処理に関する研究などで広く利用されていた．

7.3.3 TF-IDF 法

比喩とオノマトペを結び付けるために，オノマトペが数量化される各形容詞評価尺度に対して，ある比喩を含む記事に含まれる形容詞の出現頻度を基に，比喩を特徴づける重みを与えている．

比喩に重みを与える手法として **TF-IDF 法**[23] を用いた．TF-IDF 法とは，ある文書の集合（文書セット）中のある文書に注目し，その文書が文書セットの中でどういった単語で特徴づけられるかを調べる手法であり，その文章中に含まれる各単語の"特徴度"（その単語が特定の文書をどの程度特徴づけているかを示す値）を求めることができる．TF-IDF 法によって得られた特徴度を，本研究では，ある比喩を含む記事に含まれる各評価尺度に対して与える重みとして用いることとした．

TF-IDF 法による手法では，ある文書に含まれる各単語の出現頻度を表す **TF**（term frequency）と，その単語が文書セット中のいくつの文書に含まれているかを表す **DF**（document frequency）の逆数の対数をとった **IDF**（inversed DF）の二つの値を用いる．ある文書 D に含まれる単語 w の特徴度 TF-IDF(w, D) は，以下の式によって与えられる．

$$\text{TF}(w, D) = \frac{\text{文書}D\text{に含まれる単語}w\text{の出現数}}{\text{文書}D\text{に含まれる全単語の出現数}} \quad (7.1)$$

$$\text{IDF}(w, D) = \log\left(\frac{\text{総文書数}}{\text{単語}w\text{を含む文書数}}\right) \quad (7.2)$$

$$\text{TF-IDF}(w, D) = \text{TF}(w, D) \times \text{IDF}(w, D) \quad (7.3)$$

算出される TF-IDF の値が高いほど，その単語の特徴度が高い，すなわち，ある文書においてその単語が重要であることを示している．式中のある文書 D をある比喩が含まれる記事 400 件，単語 w を形容詞評価尺度の中のいずれかとして，各形容詞に対して TF-IDF を求めることで，その比喩に対して各評価尺度がどれほど重要であるかを測定している．これにより，オノマトペの印象値に適した比喩が検索される．

比喩とオノマトペの類似度算出については，オノマトペの印象値と，形容詞の印象の重要度をコサイン類似度から算出し，ユーザが入力したオノマトペの印象に適した比喩表現をランクづけする．具体的には，**表7.7** のように，

表7.7 TF-IDF 値「名詞＋動詞＋ような」型（一部抜粋）

評価尺度	電気が走る	神経に触る	ハチに刺される	ハンマーで殴られた	ナイフで切られた	針が刺さる	塩をすりこむ
強い	0.093 8	0.044 4	0.020 6	0.106 8	0.062 4	0.102 3	0.042 5
弱い	0.003 5	0.004 9	0.014 6	0.003 1	0.007 6	0.007 4	0.005 1
鋭い	0.037 0	0.009 0	0.046 4	0.024 6	0.134 0	0.042 0	0.018 7
鈍い	0.023 9	0.010 3	0.001 8	0.003 3	0.012 0	0.017 5	0.010 8
深い	0.017 6	0.018 7	0.002 2	0.006 6	0.019 7	0.007 0	0.014 5
浅い	0.009 9	0.002 3	0.001 2	0.004 4	0.005 4	0.005 2	0.005 4
重い	0.051 7	0.025 5	0.009 2	0.019 2	0.017 0	0.029 5	0.012 3
軽い	0.055 9	0.011 6	0.013 8	0.005 5	0.003 4	0.015 6	0.022 2
長い	0.014 9	0.012 4	0.011 4	0.005 9	0.028 9	0.008 8	0.015 8
短い	0.013 4	0.004 4	0.048 9	0.023 8	0.006 2	0.012 2	0.000 7
広い	0.036 8	0.012 4	0.005 9	0.019 6	0.022 0	0.021 2	0.012 2
狭い	0.008 8	0.011 5	0.007 8	0.014 9	0.017 2	0.010 3	0.001 9
熱い	0.015 5	0.009 5	0.015 8	0.013 9	0.016 3	0.002 8	0.017 5
冷たい	0.006 8	0.014 5	0.108 7	0.002 3	0.041 2	0.013 2	0.011 0

ユーザが入力したオノマトペの印象値（8対の評価尺度を利用）を**オノマトペの印象ベクトル $q(text)$**」とし，各尺度における印象値を p とすると，$q(text) = (p_1, ..., p_8)$ となる。また，ある比喩に与えられた各尺度の重要度を**比喩の印象ベクトル $v(text)$** とし，各尺度の重要度を r とすると，$v(text) = (r_1, ..., r_8)$ となる。$q(text)$ と $v(text)$ の類似度 $s(q(text), v(text))$ は，式 (7.4) に示すコサイン類似度によって求めるものとする。

$$s(q(text), v(text)) = \frac{q(text) \cdot v(text)}{|q(text)||v(text)|} \tag{7.4}$$

式 (7.4) を用いることで，比喩に対してオノマトペとの類似度を算出し，類似度に応じて比喩がランクづけされる。

以上のシステムによって，患者が発するオノマトペ表現を比喩表現に置き換えて聞き返すことにより，患者の痛みをより正確に理解可能とし，病状の特定にも結び付く可能性が出てくる。オノマトペと比喩を利用したこのシステムによって，痛みを正確に理解し，患者の感性に寄り添う円滑な問診ができると期待される。

7.4 楽曲検索システム

7.4.1 楽曲からイメージされる色彩

音を聴くと特定の色が見えるとされる色聴をもつ共感覚者でなくても，音楽から色彩が連想されるという現象が一般の人についても報告されている。一般の人に楽曲を聴いてもらい，6種類の7色配色のカラーイメージサンプルを選んでもらうという実験を行ったところ，おおよそ楽曲を聴いてイメージされるカラーイメージの選択結果には偏りがあったことから，一般の人でも，なんらかの形で楽曲のイメージと色彩の間が結び付いていることが示されている。さらに一般の人がどのようにして楽曲と色彩を結び付けているのか調べたところ，一般の人は共感覚（色聴）の存在は確認されなかったものの，楽曲から想起されたことを自由に記述してもらうという実験結果から，楽曲を聞いてなん

178 7. 感性計測技術の応用

らかの場面などの情景を想像し，その想像の下，カラーイメージサンプルを選択していることが示唆された。このことから，色聴保持者が直接的に楽曲イメージをカラーイメージに置き換えるのに対して，一般の人では，楽曲イメージから具体的な場面などの情景を想像し，その情景のカラーイメージに置き換えていると考えらえた。例えば，楽曲の試聴から「海」という情景が想起され，その情景に対応した色彩（例えば「青」）が想起されるというプロセスである。

実際，歌詞付きの楽曲の試聴から想起される色と，歌詞のみの提示から想起される色彩の比較を行ったところ，両者の間には有意な相関があった。これらの実験結果に基づき，楽曲の検索システムに場面や時間，ものなどのキーワードを利用するという着想に至った。以下では，文献30）〔仲村哲明，内海彰，坂本真樹：色彩想起と歌詞の関係に基づく楽曲検索，人工知能学会論文誌，**27**(3)，pp. 163-175（2012）〕の概要を紹介する。なお，ここで用いられている単語と色彩の結び付きを用いた技術は，すでに5章で解説したものである。5章では，テキストから，テキストに含まれる単語と色彩の結び付きを利用して，テキストから感性情報を抽出する手法について解説したが，ここでは，逆に，感性入力としての色彩からテキストとしての歌詞を検索する手法を紹介する。

7.4.2 単語と色彩の相関に着目した楽曲検索システム

歌詞には，しばしば表現したい情景が描かれていることが多いという想定の下，色彩イメージに合った楽曲検索に歌詞を用いることにした。

提案手法は，楽曲の試聴から想起される色彩を歌詞のみの解析によって推定し，検索を行う手法である。提案する楽曲検索の大まかな手順は以下のとおりである。まず，歌詞中に出現する単語の中から色彩と結び付きのある単語を抽出する。つぎに，抽出されたそれぞれの単語から想起される色彩印象を合成し，この合成された色彩印象を，楽曲の試聴から想起される色彩印象とみなす。最後に，クエリとして入力された色彩と各楽曲の歌詞から推定された色彩

印象を比較し，クエリとの類似度が高い色彩印象をもつ楽曲を順に提示する。つまり，歌詞のみの解析によって，色彩をクエリとする楽曲検索を可能にするものである。

　所定の数の色彩の想起確率を値とするベクトルを色彩ベクトルと呼んでいる。この研究で提案する楽曲検索手法は，歌詞から想起される色彩ベクトルを楽曲の色彩ベクトルとし，ユーザの入力した色彩の組合せ，およびその配色割合を**クエリ色彩ベクトル**としている。そして，クエリ色彩ベクトルと類似した色彩ベクトルをもつ楽曲を類似度の高い順に提示する手法である。ここで，クエリ色彩ベクトルを q，楽曲 m の色彩ベクトルを $v(m)$ とすると，q と $v(m)$ の類似度 $s(q, v(m))$ は式 (7.5) に示すコサイン類似度によって求められる。

$$s(q, v(m)) = \frac{q \cdot v(m)}{|q||v(m)|} \tag{7.5}$$

　この研究で提案する楽曲検索手法は，どのようにして楽曲の色彩ベクトル $v(m)$ を得るかということが重要な役割を果たす。そこで以降では，楽曲の色彩ベクトルを推定する手法について説明する。

　先ほど述べたように，楽曲の試聴から想起される色彩と歌詞のみの提示から想起される色彩の間に，有意な相関があることが確認されているため，つぎの式 (7.6) により，歌詞から想起される色彩の情報を用いて楽曲 m の色彩ベクトル $v(m)$ を推定する手法を用いている。

$$u(m) = \frac{\sum_{w_i \in A(m)} f(w_i) I(w_i) v(w_i)}{|A(m)|} \tag{7.6}$$

ただし，$A(m)$ は楽曲 m の歌詞に出現する，色彩と結び付きのある単語の集合，$f(w_i)$ は楽曲 m の歌詞における単語 w_i の出現頻度，$I(w_i)$ は w_i の影響度，$v(w_i)$ は w_i の色彩ベクトルとする。ここで，単語 w_i の影響度とは，単語 w_i の印象が歌詞の色彩印象の形成に与える影響の度合いである。したがって，後の手順は 5 章で詳解したテキストから感性情報を抽出する手順と同様である。

色彩ベクトルを与えられた歌詞中の単語から楽曲色彩ベクトルを求めることで，入力された色彩と類似する楽曲を推薦することが可能になる．

この手法は，楽曲の試聴から想起される色彩印象（すなわち，色彩ベクトル）が楽曲固有であり，その色彩印象は歌詞のみの提示から想起される色彩印象と相関があるという心理実験結果に基づいている．そのため，提案手法が妥当であれば，楽曲の試聴から得られる色彩ベクトルをクエリとする場合，クエリに対応する楽曲が上位に検索されると予想される．

お わ り に

　本書で解説した言葉から感性を抽出・推定する技術は，人工知能やロボットとの共存が進むこれからの時代にますます重要になる．機械が，人に寄り添い，共感し合う上で，オノマトペのような一見曖昧で，直感的な表現を理解し，オノマトペを自発的に発話できるとよいのではないかと考える．本書でオノマトペに関連する技術に多くのページを割いたのは，一般に考えられている以上に，オノマトペが重要であるからである．特に，「感性情報学」という分野を学ぶ上で，オノマトペは無視できない．オノマトペを含む，あらゆる言葉から感性を理解する取組みがますます発展することを期待している．

引用・参考文献

1) 天野真家，石崎　俊，宇津呂武仁，成田真澄，福本淳一：自然言語処理，オーム社（2007）
2) 有馬　哲，石村貞夫：多変量解析のはなし，東京図書（1987）
3) 飯場咲紀，土斐崎龍一，坂本真樹：テキストの感性イメージを反映した色彩・フォント推薦，日本バーチャルリアリティ学会論文誌，$18(3)$，pp. 217-226（2013）
4) 一松　信，村岡洋一：感性と情報処理，共立出版（1993）
5) 井上裕光：官能評価の理論と方法，日科技連（2012）
6) 上田祐也，清水祐一郎，坂口　明，坂本真樹：オノマトペで表される痛みの可視化，日本バーチャルリアリティ学会論文誌，$18(4)$，pp. 455-463（2013）
7) 大島　尚：認知科学，新曜社（1986）
8) 岡谷貴之：深層学習，講談社（2015）
9) 小高知宏：自然言語処理と深層学習，オーム社（2017）
10) 北　研二，津田和彦，獅々堀正幹：情報検索アルゴリズム，共立出版（2002）
11) 金田一春彦：擬音語・擬態語辞典（角川小辞典〈12〉），角川書店（1978）
12) 小迫　大，宮林卓郎，坂本真樹：コンテンツ情報に着目したTV番組とTVCMの類似性算出に関する研究，広告科学，54，pp. 33-49（2011）
13) 小松英彦：質感の科学，朝倉書店（2016）
14) 坂本真樹：坂本真樹先生が教える人工知能がほぼほぼわかる本，オーム社（2017）
15) 坂本真樹：小学生の作文コーパスの収集とその応用の可能性，自然言語処理，$17(5)$，pp. 75-98（2010）
16) 坂本真樹，田原拓也，渡邊淳司：オノマトペ分布図を利用した触感覚の個人差可視化システム，日本バーチャルリアリティ学会論文誌，$21(2)$，pp. 213-216（2016）
17) 坂本真樹，渡邊淳司：手触りの質を表すオノマトペの有効性 —感性語との比較を通して，日本認知言語学会論文集，13，pp. 473-485（2013）
18) 清水祐一郎，土斐崎龍一，鍵谷龍樹，坂本真樹：ユーザの感性的印象に適合したオノマトペを生成するシステム，人工知能学会論文誌，$30(1)$，pp. 319-330（2015）

19) 清水祐一郎, 土斐崎龍一, 坂本真樹：オノマトペごとの微細な印象を推定するシステム, 人工知能学会論文誌, **29**(1), pp. 41-52 (2014)
20) 田守育啓：オノマトペ 擬音・擬態語をたのしむ, 岩波書店 (2002)
21) 田守育啓, Lawrence Schourup：オノマトペ ―形態と意味, くろしお出版 (1999)
22) 土屋誠司：はじめての自然言語処理, 森北出版 (2015)
23) 徳永健伸：情報検索と言語処理, 東京大学出版会 (1999)
24) 都甲 潔, 坂口光一：感性の科学, 朝倉書店 (2006)
25) 坪井祐太, 海野裕也, 鈴木 潤：深層学習による自然言語処理, 講談社 (2017)
26) 飛田良文, 浅田秀子：現代擬音語擬態語用法辞典, 東京堂出版 (2002)
27) 長沢伸也, 神田太樹：数理的感性工学の基礎, 海文堂 (2010)
28) 長島知正, 久保 洋, 魚住 超, 金木則明：感性と情報, 森北出版 (2007)
29) 長町三生：感性工学, 海文堂出版 (1989)
30) 仲村哲明, 内海 彰, 坂本真樹：色彩想起と歌詞の関係に基づく楽曲検索, 人工知能学会論文誌, **27**(3), pp. 163-175 (2012)
31) 松尾 豊：人工知能は人間を超えるか, KADOKAWA (2015)
32) 村田厚生：認知科学, 朝倉書店 (1997)
33) 渡邊淳司, 加納有梨紗, 清水祐一郎, 坂本真樹：触感覚の快・不快とその手触りを表象するオノマトペの音韻の関係性, 日本バーチャルリアリティ学会論文誌, **16**(3), pp. 367-370 (2011)
34) Ryuichi Doizaki, Takahide Matsuda, Akira Utsumi and Maki Sakamoto：Constructing a System which Proposes Metaphors Corresponding to the Onomatopoeia Expressing Medical Conditions, International Journal of Affective Engineering, **15**, 2, Special Issue on ISASE 2015 pp. 37-43 DOI: 10.5057/ijae.IJAE-D-15-00028 (2015)
35) Shoko Hamano：The sound-symbolic system of Japanese, Kurosio (1998)
36) Maki Sakamoto, Junya Yoshino, Ryuichi Doizaki and Masaharu Haginoya：Metal-like Texture Design Evaluation Using Sound Symbolic Words, International Journal of Design Creativity and Innovation, **4**(3-4), pp. 181-194, DOI: 10.1080/21650349.2015.1061449 (2016)
37) Maki Sakamoto and Junji Watanabe：Cross-Modal Associations between Sounds and Drink Tastes/Textures: A Study with Spontaneous Production of Sound-Symbolic Words, Chemical Senses, **41**, pp.197-203, DOI: 10.1093/chemse/bjv078 (2016)

索引

【あ】

粗さ感　　　　　　　　　　　19

【い】

閾値　　　　　　　　136, 147
依存構造　　　　　　　　　114
一次感覚野　　　　　　　　23
一次的オノマトペ　　　　　55
位置情報　　　　　　　　　142
一点交叉　　　　　　　　　102
遺伝子個体　　　　　　　　98
遺伝的アルゴリズム　　　　96
意味解析　　　　　　　　　114
意味空間生成用圧縮行列
　　　　　　　　　　　　128
意味空間生成用行列　　　　128
意味素性　　　　　　　　　115
意味ネットワーク　　　　　116
意味微分法　　　　　　　　58
色　　　　　　　　　　　　17
因子分析　　　　　　　　　37
インターネット　　　　　　117
インパルス　　　　　　　　15

【う】

ウェルニッケ言語野　　　　22
ウォード法　　　　　　　　41
ウォルター・ピッツ　　　　147
ウォーレン・マカロック
　　　　　　　　　　　　147

【え】

影響係数　　　　　　　　　92
液体の粘性　　　　　　　　18

【お】

凹凸感　　　　　　　　　　19
音　　　　　　　　　　　　20
オートエンコーダ　　　　　153
オノマトペ　　　　　　51, 52
オノマトペ遺伝子個体　　　98
オノマトペ感性評価システム　　　　　　　　　73, 100
オノマトペ初期個体群　　　98
オノマトペ生成システム
　　　　　　　　　　　　　98
オノマトペの印象ベクトル
　　　　　　　　　　　　177
オノマトペ標識　　　　　　58
オノマトペマップ　　　　　89
オノマトペ問診支援システム　　　　　　　　　　　173
オノマトポエイア　　　　　51
重み　　　　　　　　　　　147
音韻意味論　　　　　　　　55
音声コーパス　　　　　　　119
温度感　　　　　　　　　　19
オントロジー　　　　　　　115

【か】

回帰分析　　　　　　　　　39
外向性因子　　　　　　　　144
概念　　　　　　　　　　　30
概念識別子　　　　　　　　115
概念体系　　　　　　　　　115
海馬　　　　　　　　　　　28
開放性因子　　　　　　　　144
ガウス関数　　　　　　　　92
過学習　　　　　　　　　　151

係り受け　　　　　　　　　114
書き言葉コーパス　　　　　119
各色彩の連想確率　　　　　134
確率的探索　　　　　　　　96
価値判断　　　　　　　　　10
楽曲検索システム　　　　　178
活動性　　　　　　　　　　30
カテゴリー数量　　　　　　88
仮名漢字変換技術　　　　　111
感覚形容語　　　　　　　　31
間隔尺度　　　　　　　　　44
感覚受容器　　　　　　　　17
感覚センサ　　　　　　17, 23
感覚層　　　　　　　　　　148
眼球運動電位　　　　　　　46
感受性　　　　　　　　　1, 2
感　情　　　　　　　　　　1
感　性　　　　　　　　　　1
感性・情動神経系　　　26, 27
感性空間　　　　　　　　　89
感性工学　　　　　　　　　4
感性工学会　　　　　　　　3
感性情報　　　　　　　　　14
感性的質感認知　　　　　　5
感性ベクトル　　　　　　　138
完全連結法　　　　　　　　41
間　脳　　　　　　　　　　21

【き】

擬音語　　　　　　　　　　52
機械翻訳　　　　　　　　　111
幾何学パターン　　　　　　166
疑似オノマトペ　　　　　　54
擬情語　　　　　　　　　　52
擬声語　　　　　　　　　　52

基礎律動	47	コサイン類似度	100	自然言語処理	111
擬態語	52	誤差逆伝播法	149	シソーラス	115
機能的磁気共鳴画像	13	コネクショニストモデル		質感	5, 161
共感覚	177		14	質感認知	161
共起確率	121	コーパス	117, 118	実金属	160
擬容語	52	コーパス言語学	118	質的データ	86
教師あり学習	148	コーヒー	64	自動要約	141
教師信号	148	語尾	78	尺度ベクトル	128
教師データ	118	固有値	36	重回帰分析	39
教師なし学習	148	コンセプト	30	周波数成分	20
局所コントラスト正規化層		コンピュータ	12	樹形図	41
	154	コンピューテーショナル		主成分負荷量	36
寄与率	36	モデル	13	主成分分析	34
近赤外線分光分析	14			受容野	24
金属調加飾デザイン支援		【さ】		順序尺度	44
	160	再帰型ニューラルネット		順伝播型ニューラルネット	
筋電位	46	ワーク	157	ワーク	158
【く】		最小二乗法	88	情緒不安定性因子	144
		最短距離法	41	小脳	21
クエリ	178	最長距離法	41	情報	11
クエリ色彩ベクトル	179	最適化手法	100	——の信頼性	141
句構造	114	索引語	123	情報処理アプローチ	12
クラスタ分析	40	索引語・文書行列	123	情報処理機械	12
【け】		サピア	55	照明	16
		サポートベクトルマシン		触覚	24
計算機	12		151	触覚オノマトペ	164
芸術	8	サルタン	122	ジョン・ホランド	97
形態素	112	散布図	35	自律神経系	21
形態素解析	112	サンプルコーパス	119	進化的計算	96
形容語対評価尺度	32	【し】		神経回路網モデル	14
言語解析	112			神経系	21
言語生成	112	子音行カテゴリー	78	神経細胞	15, 146
言語理解	112	ジェフリー・ヒントン	149	人工言語	111
検索質問ベクトル	123	ジオタグ	142	人工知能	14
検索ベクトル	129	視覚	24	人工ニューロン	147
【こ】		視覚オノマトペ	164	深層学習	152
		色彩ベクトル	134, 179	身体	12
工学的特性	16	色彩連想強度	134	心電位	46
交叉	101	色聴	177	心理生理学的方法	46
交叉確率	105	自己符号化器	153	心理物理学	43
硬軟感	19	辞書	113	心療内科	9
顧客	6	事象関連電位	46, 48		
コサイン尺度	123	自然言語	111		

【す】

数量化理論	86
数量化理論 III 類	87
数量化理論 II 類	87
数量化理論 IV 類	87
数量化理論 I 類	79, 87

【せ】

誠実性因子	144
セグメンテーション	113
説明特性	87
説明変数	39
セマンティック Web	117
セロトニン	15
セロトニン搬送体	15
全結合層	154
潜在因子	37
潜在的意味インデキシング	125
潜在的意味解析	122, 125
潜在変数	37
選択	101
全文検索技術	111
専門家	164

【そ】

相関分析	40
相互情報量	121
双方向散乱反射率分布関数	18
双方向反射率分布関数	16
属性	140
素材マップ	89
ソーシャルグラフ	142
ソシュール	55

【た】

第1主成分	34
第2次人工知能ブーム	116
第2主成分	34
第 n 主成分	35
第一次視覚野	23
第一次体性感覚野	23
第一次聴覚野	23
大脳	21
大脳皮質	22
大脳辺縁系	27
体部位局在性	25
多感覚知覚	25
ターゲティング広告	7
多次元尺度構成法	41, 90
畳み込み層	154
畳み込みニューラルネットワーク	154
多変量解析	86
ダミー変数	88
単回帰分析	39
段階尺度	32
短期記憶	28
炭酸飲料	63
単連結法	41

【ち】

知覚能力	10
チャールズ・ダーウィン	97
中枢神経系	21
長期記憶	28
調和性因子	144
チョコレート	64

【つ】

ツリーダイアグラム	41

【て】

定性的	5
ディープラーニング	152
定量化	6
テキストコーパス	119
テキストの感性ベクトル	138
データ	34
データマイニング	117
デビット・ラメルハート	149
電気信号	15
デンドログラム	41

【と】

同義語	115
統計的な解析	34
統語解析	114
特異値分解	125
特殊語尾	78
特殊目的コーパス	119
特性指数	45
特徴抽出細胞自己形成	148
突然変異	101
突然変異確率	105
ドーパミン神経系	26
トピック	141

【な】

内分泌系	21
ナレーション情報	126

【に】

二次的オノマトペ	55
日本語版マッギル疼痛質問表	172
ニューラルネットワーク	14, 146
ニューロン	15, 146
認知科学	12

【の】

脳幹	21
脳磁図	13
脳波	46, 47
脳波計	47
脳波検査	47

【は】

背景脳波	47
拍	56

パーセプトロン	148
パーソナリティ推定	143
パターン認識学習機械	148
発火	147
バックプロパゲーション	148, 149
話し言葉コーパス	119
反意語	31
汎化能力	151
反射特性	16, 17
半透明感	18
反応層	148
汎用コーパス	119

【ひ】

被験者	33
被験者内分散分析	95
ヒストグラム統計量	17
非専門家	164
比喩	53
——の印象ベクトル	177
評価性	30
評判分析	140
品詞	112

【ふ】

フォロー	142
副詞	32
物理空間	89
ブランドイメージ	166
ブランドエクイティ	166
ブランドネーム	166
ブランド名評価システム	168
プリミティブワード	134
プーリング層	154
ブローカ言語野	22
文書集合	123
文脈	113

【へ】

ベクトル空間モデル	122
ヘッブ則	148
ヘッブの学習則	148
弁別閾	45

【ほ】

ポジトロン断層撮像法	15

【ま】

マイクロブログ	139
マグニチュード尺度	45
マグニチュード推定法	45
マーケティング	6
摩擦感	19
マージン最大化	151
末梢神経系	21
マービン・ミンスキー	148

【み】

未知語	136

【め】

名義尺度	44
メルザック	172

【も】

目的変数	39
模造金属	160
モデュラス	45
モニターコーパス	119
モノアミン神経系	26
モノと情報	12
モーラ	56

【ゆ】

有意確率	39
ユークリッド距離	131

【り】

力量性	30
理性	2

【る】

類似度群	127
類似度集合	129
累積寄与率	36
ルーレット選択	101

【れ】

レコメンデーション	7
連合層	148
連想色彩	133
連続 bag-of-words 表現	156

【わ】

ワールドワイド Web	117

【A】

activity	59
Associate	148
Authority	140
Authority 分析	140
A 層	148

【B】

bag-of-words	155
BigFive 尺度	144
BRDF	16
Brown Corpus	118
BSSRDF	18

【C】

ChaSen	114
closed-ended	33
CNN	154

【D】

Deep Dream	8
DF	175

【E】

ECG	46
EEG	46, 47
EMG	46
EOG	46
ERP	46, 48
evaluation	59

【F】

fMRI	13, 49

【G】

GA	96

【I】

IDF	175
Influencer	140
Influencer 分析	140

【J】

JMPQ	172
JUMAN	113

【K】

Kansei	4

【L】

LCN	154
LSA	125
LSA 意味空間	125
LSA 意味空間行列	127
LSI	125

【M】

McGill pain questionnaire	172
MDS	41
MeCab	114
MEG	13
MPQ	172

【N】

NIRS	13
n グラム	122
n グラムモデル	122

【O】

open-ended	33

【P】

Pearson の積率相関係数	84
PET	15
potency	59

【R】

RNN	157
Rsponse	148
R 層	148

【S】

SD 法	29
Semantic Differential 法	29
Sensory	148
skip-gram 表現	156
Super Vision	152
SVM	151
S 層	148

【T】

TF	175
TF-IDF 法	175
TVCM	126
TV 番組	126
Twitter	139, 142

【W】

Web マイニング	117
WinCha	120
WordNet	115
WWW	117

【数字】

1-of-N 表現	155
3 次元形状	16

―― 著者略歴 ――

1993年　東京外国語大学外国語学部ドイツ語学科卒業
1998年　東京大学大学院博士課程修了（言語情報科学専攻）
1998年　東京大学助手
2000年　博士（学術）（東京大学）
2000年　電気通信大学講師
2004年　電気通信大学助教授
2007年　電気通信大学准教授
2015年　電気通信大学教授
2018年　電気通信大学人工知能先端研究センター副センター長
2020年　電気通信大学副学長
　　　　現在に至る

2016年10月よりオスカープロモーション所属（業務提携）。
人工知能学会（理事，代議員，学会誌エディタ），認知科学会（運営委員），情報処理学会，VR学会，感性工学会，広告学会など，各会員。
2012年度IEEE国際会議にてBest Application Award，2014年度人工知能学会論文賞など，受賞多数。言葉と感性の結び付きに着目したscienceとengineeringを融合した研究手法に特徴がある。
著書に
「女度を上げるオノマトペの法則」（リットーミュージック）
「坂本真樹先生が教える人工知能がほぼほぼわかる本」（オーム社），
「坂本真樹と考える　どうする？　人工知能時代の就職活動」（エクシア出版）
など

感性情報学 ―オノマトペから人工知能まで―
Kansei Informatics ―From Onomatopoeia to Artificial Intelligence　　　ⓒ Maki Sakamoto 2018

2018年7月25日　初版第1刷発行　　　　　　　　　　　　　　　　　　　　　　★
2022年7月10日　初版第2刷発行

検印省略	著　者　　坂　本　真　樹	
	発行者　　株式会社　コロナ社	
	代表者　　牛来真也	
	印刷所　　萩原印刷株式会社	
	製本所　　有限会社　愛千製本所	

112-0011　東京都文京区千石4-46-10
発行所　株式会社　コロナ社
CORONA PUBLISHING CO., LTD.
Tokyo Japan
振替 00140-8-14844・電話(03)3941-3131(代)
ホームページ https://www.coronasha.co.jp

ISBN 978-4-339-02886-7　C3055　Printed in Japan　　　　　　　　　　　　　　（金）

　　　　<出版者著作権管理機構　委託出版物>
本書の無断複製は著作権法上での例外を除き禁じられています。複製される場合は，そのつど事前に，出版者著作権管理機構（電話 03-5244-5088，FAX 03-5244-5089，e-mail: info@jcopy.or.jp）の許諾を得てください。

本書のコピー，スキャン，デジタル化等の無断複製・転載は著作権法上での例外を除き禁じられています。購入者以外の第三者による本書の電子データ化及び電子書籍化は，いかなる場合も認めていません。
落丁・乱丁はお取替えいたします。

音響サイエンスシリーズ

(各巻A5判，欠番は品切です)

■日本音響学会編

			頁	本体
1.	音色の感性学 ─音色・音質の評価と創造─ ─CD-ROM付─	岩宮 眞一郎編著	240	3400円
2.	空間音響学	飯田一博・森本政之編著	176	2400円
3.	聴覚モデル	森 周司・香田 徹編	248	3400円
4.	音楽はなぜ心に響くのか ─音楽音響学と音楽を解き明かす諸科学─	山田真司・西口磯春編著	232	3200円
6.	コンサートホールの科学 ─形と音のハーモニー─	上野 佳奈子編著	214	2900円
7.	音響バブルとソノケミストリー	崔 博和・榎本尚也・原田久志・興津健二編著	242	3400円
8.	聴覚の文法 ─CD-ROM付─	中島祥好・佐々木隆之・上田和夫・G.B.レメイン共著	176	2500円
9.	ピアノの音響学	西口 磯春編著	234	3200円
10.	音場再現	安藤 彰男著	224	3100円
11.	視聴覚融合の科学	岩宮 眞一郎編著	224	3100円
13.	音と時間	難波 精一郎編著	264	3600円
14.	FDTD法で視る音の世界 ─DVD付─	豊田 政弘編著	258	3600円
15.	音のピッチ知覚	大串 健吾著	222	3000円
16.	低周波音 ─低い音の知られざる世界─	土肥 哲也編著	208	2800円
17.	聞くと話すの脳科学	廣谷 定男編著	256	3500円
18.	音声言語の自動翻訳 ─コンピュータによる自動翻訳を目指して─	中村 哲編著	192	2600円
19.	実験音声科学 ─音声事象の成立過程を探る─	本多 清志著	200	2700円
20.	水中生物音響学 ─声で探る行動と生態─	赤松 友成・木村 里子・市川 光太郎共著	192	2600円
21.	こどもの音声	麦谷 綾子編著	254	3500円
22.	音声コミュニケーションと障がい者	市川 熹・長嶋祐二・岡本 明・加藤直人・酒向慎司・滝口哲也・原 大介・幕内 充共著	242	3400円
23.	生体組織の超音波計測	松川 真美・山口 匡・長谷川 英之編著	244	3500円

以下続刊

笛はなぜ鳴るのか 足立 整治著
─CD-ROM付─

骨伝導の基礎と応用 中川 誠司編著

定価は本体価格+税です。
定価は変更されることがありますのでご了承下さい。

図書目録進呈◆